智慧城市

构筑科技与人文共融的未来之城

傅隐鸿 ◎ 著

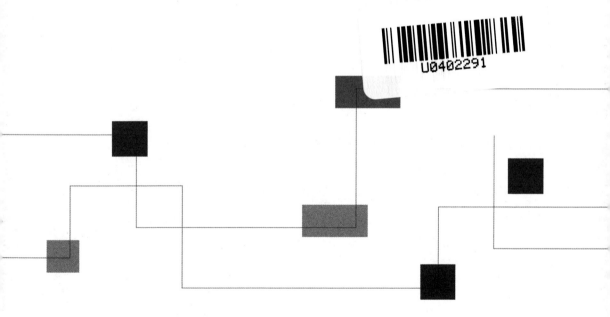

化学工业出版社

·北京·

内容简介

本书立足于当前我国新型智慧城市建设的发展现状与趋势，借鉴国外智慧城市建设的实践经验，深度剖析5G、AI、边缘计算、区块链、物联网、数字孪生等新一代信息技术在智慧城市建设中的应用实践，分别从智慧城市、顶层设计、数智赋能、智慧政府、智慧产业、智慧生活六个维度出发，涵盖智慧政务、智慧教育、智慧医疗、智慧能源、智慧交通、智慧社区、智慧养老、智能家居等经济社会发展的方方面面，全面阐述我国智慧城市建设的实践路径与经验成果，试图描绘未来智慧城市治理新蓝图，助力我国实现城市可持续发展。

图书在版编目（CIP）数据

智慧城市 ： 构筑科技与人文共融的未来之城 ／ 傅隐鸿著． -- 北京 ： 化学工业出版社， 2025. 2. -- ISBN 978-7-122-46848-2

Ⅰ．TU984

中国国家版本馆 CIP 数据核字第 2024YZ7127 号

责任编辑：夏明慧　　　　　　　版式设计：溢思视觉设计／程超
责任校对：田睿涵　　　　　　　封面设计：仙境设计

出版发行：化学工业出版社
　　　　　（北京市东城区青年湖南街 13 号　邮政编码 100011）
印　　装：三河市双峰印刷装订有限公司
710mm×1000mm　1/16　印张 15½　字数 218 千字
2025 年 5 月北京第 1 版第 1 次印刷

购书咨询：010-64518888　　　　　售后服务：010-64518899
网　　址：http://www.cip.com.cn
凡购买本书，如有缺损质量问题，本社销售中心负责调换。

定　　价：85.00 元　　　　　　　　　版权所有　违者必究

前言

当前,数字中国建设底座不断夯实,为我国实现高质量发展提供了强劲动能。城市是推进数字中国建设的综合载体,城市的现代化发展与智慧化转型将推动科技与人文共融的未来之城加快构筑,描绘出数字中国的美好图景。

智慧城市建设的核心要义在于转变城市的发展方式、提升城市的发展质量,通过利用各种先进的数字技术及相关设备,实时、高效地采集、传递、整合、共享与城市运行相关的居民生活、社区文化、生态环境等各类相关信息,提高人与人、人与物及物与物之间互联互通、全面感知的能力,这不仅能够提高政府治理和社会服务水平,更能够提升居民生活的幸福感、满足感。建设智慧城市,能够重塑城市发展新动能、新格局、新优势,助力数字中国建设。

进入"十四五"时期,智慧城市也被赋予了新的时代内涵。智慧城市建设,需要以人为本,以城市的可持续发展和城乡的一体化发展为长远目标,发挥政府的引领作用、技术的支撑作用及数据的驱动作用,将产业数字化和数字经济化作为重要架构,致力于构建资源有效整合、多方协同参与的城市生态体系。新一代信息通信技术的发展,也为智慧城市建设提供了强大的驱动力。物联网、云计算、大数据、数字孪生、人工智能等技术,能够与城市经济社会发展相关的各个细分领域深度融合,为城市规划、建设、管理等带来新理念、新模式、新路径。比如,数字孪生技术应用于智慧城市建设中,能够构建与真实空间的物理城市相互映射、协同交互的数字孪生城市,可以实时感知城市运行信息、精准分析城市运行状况、高效协调各项相关资源、智能响应城市治理和公共服务需求，从而推动城市实现高质量发展，构筑城市竞争新优势。

2024年4月，习近平总书记在重庆考察时指出，加快智慧城市建设步伐，构建城市运行和治理智能中枢，建立健全"大综合一体化"城市综合治理体制机制，让城市治理更智能、更高效、更精准。这不仅指明了建设新型智慧城市是我国进入新发展阶段的重要战略选择，还为我国的智慧城市建设指出了清晰的方向。建设新型智慧城市，不仅能够提升城市治理水平、破解"大城市病"，还有助于发展数字经济、推动城镇化发展进程。在新型智慧城市的建设过程中，需要以人民为中心、以科技为驱动、以绿色为理念、以共享为目标，促进资源的合理配置和应用，推动经济结构的优化升级，从而加强环境保护、提高居民生活质量，实现经济社会的可持续发展。

当前，我国正处于实现中华民族伟大复兴的关键时期。建设新型智慧城市，不仅是难得的机遇，更是巨大的挑战。从机遇方面来看，近几年，大数据、云计算、人工智能等新兴技术发展迅速，能够赋能多个产业和领域。在城镇化发展的过程中，新兴技术的应用有助于推动绿色建筑等基础设施建设，打造低碳化人居环境，重塑教育等产业的新格局，绘制智慧城市新蓝图。现阶段，居民的生活消费需求已经发生变化，不再局限于"衣食住行"等物质层面的硬消费，而更多关注文化、旅游、娱乐、健康等精神层面的软消费；不再只看重商品的数量和功能维度的价值，而更加注重商品的质量和多维度的价值。新型智慧城市的建设，能够满足这种转型升级的需要，提升人民的幸福感和满足感。从挑战方面来看，一方面，建设新型智慧城市需要综合运用多种先进技术，投入大量资源用于数据共享平台、智能感知体系及信息安全系统等的建设，耗费高且难度大；另一方面，建设新型智慧城市需要充分采集、处理、利用多种信息，在智能技术应用与社会伦理道德、智慧城市的便利性与公民信息的隐私性等的平衡方面均可能存在挑战。

我国智慧城市建设起步较早，在信息采集、信息安全等方面均取得了一定的成果，并涌现出了一批具有较强竞争力的领军企业，以北京、杭州等为代表的不少城市已经在城市建设的数字化和网络化方面积累了大量经验，并开始在智能化和智慧化方面进行实践探索。但不可否认的是，我国新型智慧城市建设也存在诸多问题，比如：重项目建设，轻顶层设计；重数据采集，轻平台构建；重硬件投入，轻应用开发；重技术研发，轻人文内涵等。此外，智慧城市作为一个概念已经被社会公众熟知，但在智慧城市建设过程中，相关参与方的理念却难以及时更新，无法把握新型智慧城市的丰富内涵，仍把新型智慧城市建设等同于城市的信息化改革，将重心集中于技术的堆砌，无法真正构筑科技与人文共融的未来之城。

本书立足于当前我国新型智慧城市建设的发展现状与趋势，借鉴国外智慧城市建设的实践经验，深度剖析 5G、AI、边缘计算、区块链、物联网、数字孪生等新一代信息技术在智慧城市建设中的应用实践，分别从智慧城市、顶层设计、数智赋能、智慧政府、智慧产业、智慧生活六个维度出发，涵盖智慧政务、智慧教育、智慧医疗、智慧能源、智慧交通、智慧社区、智慧养老、智能家居等经济社会发展的方方面面，全面阐述我国智慧城市建设的实践路径与经验成果，试图描绘未来智慧城市治理新蓝图，助力我国实现城市可持续发展。

本书有别于其他智慧城市领域的书籍，主要阐述在以 5G、AIoT（人工智能物联网）、大数据等技术引领的数字化浪潮下城市治理模式的数智化转型与创新，注重产业数字化背景下的协同应用。因此，本书不仅适合从事智慧城市规划、建设、管理及智慧城市相关应用开发、工程项目实施等方面的管理人员和技术人员阅读，也可作为高等院校信息技术和管理等专业的参考资料。

著者

目录

第一部分　智慧城市篇　001

第1章　新型智慧城市：重塑未来城市空间　002

01　智慧城市的演变与发展历程　002
02　新型智慧城市的内涵与特征　005
03　新型智慧城市的架构与框架　009
04　新型智慧城市建设的重点方向　011

第2章　国外智慧城市建设实践与经验启示　015

01　伦敦：数字技术驱动智慧城市　015
02　纽约："全球创新之都"的实践　018
03　新加坡："智慧国家"发展战略　021
04　巴塞罗那："数字城市计划"的启示　024

第3章　国内智慧城市建设实践与经验启示　028

01　北京智慧城市的建设实践　028
02　重庆智慧城市的建设实践　031
03　青岛智慧城市的建设实践　036
04　杭州城市大脑的建设实践　040

第二部分　顶层设计篇　　045

第 4 章　顶层规划：绘制智慧城市新蓝图　　046

　　01　智慧城市规划的内涵与定位　　046
　　02　智慧城市的顶层架构与设计　　048
　　03　智慧城市规划的步骤与方法　　055

第 5 章　绿色城市：打造低碳化人居环境　　059

　　01　绿色产业：推动产业低碳化转型　　059
　　02　绿色规划：构建"规建管"体系　　063
　　03　绿色能源：能源清洁化、低碳化　　065
　　04　国外低碳城市典型案例与经验借鉴　　068

第 6 章　智慧公园：科技与景观完美融合　　072

　　01　智慧公园景观设施设计理念　　072
　　02　公园景观的智能化设计策略　　073
　　03　科技景观在智慧公园中的应用　　077
　　04　深圳大运智慧公园的实践与启示　　079

第三部分　数智赋能篇　　081

第 7 章　AI 大模型：开启城市治理新时代　　082

　　01　AI 大模型：驱动新一代智能革命浪潮　　082
　　02　业务场景：赋能城市治理新路径　　087
　　03　AI 大模型在智慧城市建设中的落地策略　　091

第 8 章　数字孪生：实现城市管理智能化　　095

- 01　数字孪生：构建新型智慧城市　　095
- 02　关键技术：智慧城市基础设施　　099
- 03　场景实践：城市数字孪生应用　　102
- 04　基于数字孪生的应急管理系统　　104

第 9 章　BIM：赋能绿色建筑全生命周期　　108

- 01　BIM 技术：引领绿色建筑革命　　108
- 02　设计阶段：优化建筑设计流程　　111
- 03　施工阶段：提升工程管理效率　　113
- 04　运维阶段：智能化监测与控制　　116
- 05　拆除阶段：实现资源回收利用　　117

第四部分　智慧政府篇　　121

第 10 章　智慧政务：AI 重塑政务服务流程　　122

- 01　智能受理：业务受理的自动化　　122
- 02　智能审批：提高审批服务效率　　124
- 03　智能监督：增强监督治理效能　　125
- 04　智能推送：高效响应公众需求　　127

第 11 章　政务上链：区块链赋能智慧政府　　130

- 01　区块链技术赋能政务信息化　　130
- 02　区块链在数字政府中的应用　　133
- 03　政务区块链应用的落地难点　　135
- 04　推进政务区块链的实践对策　　137

第 12 章　政务云平台建设路径与解决方案　　141

01　基于 SaaS 模式的政务云平台　　142
02　基于 PaaS 模式的政务云平台　　143
03　基于云网融合的政务云平台　　147

第五部分　智慧产业篇　　151

第 13 章　智慧教育：重塑未来教育新格局　　152

01　智慧教学：变革传统教学模式　　152
02　智慧课堂：技术重构教学流程　　155
03　智慧学习：构建新型学习形态　　158
04　智慧管理：教务管理精准决策　　161

第 14 章　智慧医疗：医疗数字孪生的应用　　165

01　医疗数字孪生的应用优势与原理　　165
02　医疗数字孪生应用基本框架　　168
03　医疗数字孪生的应用与实践　　171
04　基于数字孪生的智慧医院建设　　174

第 15 章　智慧能源：大数据驱动能源变革　　179

01　智慧能源概念内涵及产业链　　179
02　智慧电网大数据的特征与技术　　182
03　大数据在智慧电网领域的应用　　185
04　能源企业数字化转型实践路径　　187

第16章 智慧交通：赋能交通治理新模式 　　191
- 01 智慧交通系统的优势与体系架构 　　191
- 02 智慧交通系统的构成及功能 　　193
- 03 物联网在智慧交通中的应用 　　196
- 04 基于 IoT 的交通监控与管理 　　198

第六部分　智慧生活篇 　　201

第17章 智慧社区：构筑美好生活新图景 　　202
- 01 智慧社区建设思路与方案设计 　　202
- 02 新型智慧社区建设的主要内容 　　204
- 03 智慧社区应用场景与实践路径 　　206
- 04 智慧社区建设投资及运营模式 　　210

第18章 智慧养老：运营模式与实践案例 　　212
- 01 科技赋能养老模式创新 　　212
- 02 模式一：智慧居家养老 　　214
- 03 模式二：智慧社区养老 　　217
- 04 模式三：智慧机构养老 　　219
- 05 模式四：智慧医养结合 　　220

第19章 智能家居：科技重塑生活新体验 　　223
- 01 智能家居发展的三个阶段 　　223
- 02 智能家居的主流通信技术 　　225
- 03 边缘计算在智能家居中的应用 　　228
- 04 人工智能在智能家居中的应用 　　230

参考文献 　　233

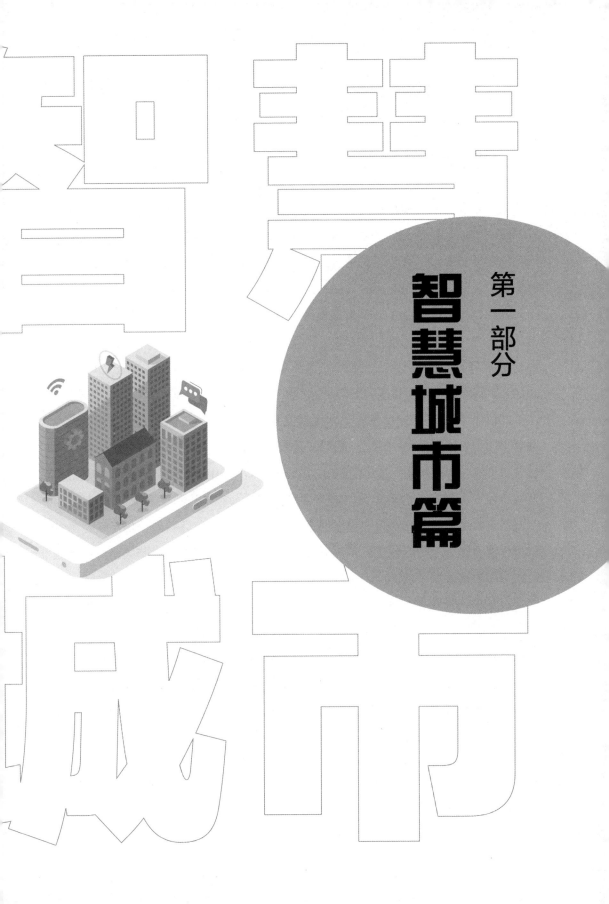

第一部分
智慧城市篇

第1章 新型智慧城市：重塑未来城市空间

01 智慧城市的演变与发展历程

城市是人类生活和社会发展最重要的承载体。随着新一轮科技革命和产业变革的深入发展，城市的内涵也不断丰富和延伸。"智慧城市"体现了中国新型城镇化的建设需要，符合我国提升居民生活质量的发展追求。因此，我国政府对智慧城市给予了高度重视。

2012年11月，住房和城乡建设部办公厅正式发布《关于开展国家智慧城市试点工作的通知》，这也标志着中国智慧城市建设启动。2016年12月，我国第一份智慧城市国家标准文件——《新型智慧城市评价指标》（GB/T 33356—2016）❶发布并实施，代表我国进入新型智慧城市建设新阶段。

2021年3月，十三届全国人大四次会议表决通过了关于国民经济和社会发展第十四个五年规划和2035年远景目标纲要的决议。"十四五"规划将"建设智慧城市"作为"建设数字中国"的重要组成部分，提出要"分级分类推进新型智慧城市建设，将物联网感知设施、通信系统等纳入公共基础设施统一规划建设，推进市政公用设施、建筑等的物联网应用和智能化改造。完善城市信息模型平台和运行管理服务平台，构建城市数据资源体系，推进城市数据大脑建设。探索建设数字孪生城市"。

近年来，大数据、人工智能、云计算等技术的迅速发展，给人们的生活带来了深刻变化，也推动着政府管理方式和管理流程的变革。在这样的形势下，我国将目光聚集到包含新技术和新要素的智慧城市上，意图通过智慧城市建设推动经济社会的发展，利用技术创新和产业变革谋求新的发展机遇，开辟新的发展道路。在得到国家和政府的高度重视和大力支持后，我国智慧城市的建设速度也开始逐步加快。

---

❶ 该标准已于2023年5月1日起废止，最新标准为《新型智慧城市评价指标》（GB/T 33356—2022）。

（1）我国智慧城市发展的演变历程

总体来看，我国智慧城市发展经历了三个阶段，如图1-1所示。

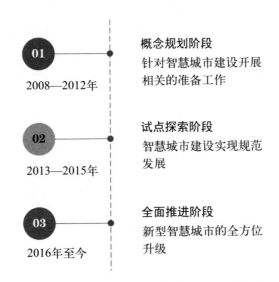

图1-1　我国智慧城市发展经历的三个阶段

① 概念规划阶段（2008—2012年）

2010年，国务院主持开展了信息化试点工作，主要面向城市，这可以看作是服务于智慧城市建设的准备工作。2012年，国务院提出"智慧城市建设"概念规划，这一概念规划被赋予了综合性的内涵。

概念规划阶段主要是针对智慧城市建设开展相关的准备工作，主要任务是着力推进各个领域的数字化、网络化、信息化，提升整体的数字化和网络化水平，为智慧城市建设打下良好基础；重点工作为政务系统的电子化及城市管理系统的信息化，以达到提升行政和管理效率的目的，这个过程用到的技术工具主要有云计算、移动通信技术等。

② 试点探索阶段（2013—2015年）

2013年，住房和城乡建设部发布了首批国家智慧城市试点名单，名单中包含90个城市；到2015年，名单中的城市数量已增加到近300个。在这一阶段，各部门积极有序地协调推进智慧城市的相关工作，同时各领域通过物联网进行联动。该阶段的主要任务与上一阶段大致相同,即推进基础设施的智能化、信息化、网络化建设,通过互联网实现城市场景间的互联互通,突破空间界限,开展基本公共服务,同时加快城镇化进程。

试点探索阶段是智慧城市建设实现规范发展的阶段,这一阶段智慧城市建设受到更多重视,在包括北京、上海、广州、深圳、杭州在内的国内主要城市,智慧城市建设都被视作重点研究课题。

③ 全面推进阶段(2016年至今)

2016年,"十三五"规划提出了关乎经济社会发展的100个重大工程与项目,其中包括"建设一批新型示范性智慧城市",可见新型智慧城市建设已被纳入国家战略。这一阶段的"全面推进"体现为新型智慧城市的全方位升级,这样的升级涉及宏观层面的发展理念和建设思路,也包括具体的实施路径、运行模式和技术手段,"以人为本、成效导向、统筹集约、协同创新"是对该阶段的概括。

智慧城市全面推进阶段的主导者为政府,同时也有企业、科研机构、社会组织等主体的参与。在政策层面的支持及数字技术的推动下,社会各界积极参与到城市治理过程中,使得城市治理效率得到了显著提高。

(2)从智慧城市到新型智慧城市

传统智慧城市建设将更多的目光放在技术和管理上,没有充分认识到"技术"和"人"之间的互动关系,也不重视"信息化"与"城市有机整体"之间的协调,导致技术与应用之间、投入与成效之间的失衡。由于传统智慧城市存在局限性,新型智慧城市成了智慧城市建设的新方向。

在新型智慧城市建设过程中,以信息基础设施建设为根本这一点是不变的。不过与传统智慧城市不同的是,新型智慧城市更强调共享城市信息,运用城市大数据,为城市安全提供有力保障。新型智慧城市由十大核心要素组成,涉及与智慧城市有关的多项工作,包括设计、建设、运营、管理、保障等。这十大核心要素分别为顶层设计、体制机制、智能基础设施、智能运行中枢、智慧生活、智慧生产、智慧治理、智慧生态、技术创新与标准体系、安全保障体系,如图1-2所示。

图1-2 新型智慧城市的十大核心要素

伴随经济和社会的发展,我国的城市化程度越来越高,智慧城市的建设也不断取得新的进展。在此背景下,城市间要更多地进行资源的交流与共享,将产业链整合在一起。此外,不同的城市应当能够提供均等的公共服务,城市的社会管理也要在民主化的方向上取得进步。为了促进城市间的交流互补,加强城市间的协作,我国将建设智慧城市群作为城市发展的重大战略,打造具备较强竞争力的城市群,提升城市的整体发展水平。

02 新型智慧城市的内涵与特征

城市是人类主要的生活场所,也是社会发展和进步的重要阵地。城市的内涵不是一成不变的,新一轮科技革命和产业变革为城市内涵增添了新的内容。

新型智慧城市是城市发展的理想模型。建设新型智慧城市,要掌握城市发展所遵循的普遍规律,准确理解新型智慧城市的内涵,总结其具备的特征,结合时代背景及国家战略,把握新型智慧城市建设的方向和形势,明确新型智慧城市建设的重要问题和实际需求。

(1)新型智慧城市的内涵

要了解新型智慧城市的内涵,就需要先明晰智慧城市的内涵,智慧城市的内涵可从生态圈和系统论两个角度来解析。

① 从生态圈的角度看

智慧城市倡导以人为本,将信息技术作为工具和手段,在城市层面推行新的城市生产生活方式,在社会层面塑造新的社会运行体系,致力于实现一种生态平衡,这种生态平衡符合创新、协调、绿色、开放、共享的新发展理念。

② 从系统论的角度看

城市资源流的主要构成为信息流,智慧城市借助信息技术推动城市资源流的流动和交换,从自然、社会、经济等不同的层面入手,建立新的城市系统,尽最大可能促进经济社会的发展,即用最小的成本和投入换来最大的回报和收益,这是智慧城市建设的终极目标。

在"立足新发展阶段、贯彻新发展理念、构建新发展格局"的引导下,需要深入研究和探索新型智慧城市的相关理论,总结其具有的实践特征,准确把握新型智慧城市的核心内涵。新型智慧城市的核心内涵体现在以下两个方面,如图1-3所示。

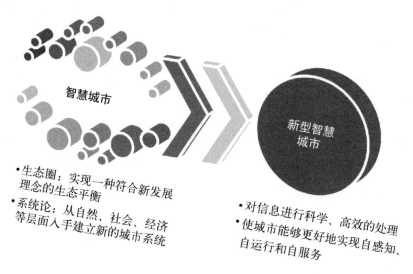

图1-3 新型智慧城市的核心内涵

● 重视信息的价值,保障信息的透明,确保信息能够在较广阔的范围内实现安全传递,对信息进行科学、高效的处理。

- 基于信息、数据等资源,促进城市的高效运行以及对城市的高效管理,有效提高城市公共服务水平,使城市能够更好地实现自感知、自运行和自服务,并让新型智慧城市的建设成果惠及广大人民。

（2）新型智慧城市的特征

新型智慧城市建设与传统智慧城市建设之间的不同体现在驱动因素、价值承载等多个方面,两者的具体分析对比如表1-1所示。

表1-1 传统智慧城市与新型智慧城市建设对比分析

项目	传统智慧城市	新型智慧城市
驱动因素	行业应用、技术驱动	需求导向、数据驱动
价值承载	垂直板块效率提升	以人为本、统筹集约、注重成效
建设重点	应用系统和平台	以城市大脑为依托,打破数据壁垒、推进业务协同
数据共享	数据孤立、纵横分割、以重点应用为抓手共享	优化数据共享体系,建立健全数据共享体制机制
公共服务	供给侧出发,依据职能,提供局部的公共服务	以人为中心,提供全程全时、精准化、普惠化的公共服务
城市运行	围绕城市运行重点领域,单点突破,粗放型政府	以城市综合治理现代化为根本,强化统筹布局,重视数字政府建设
产业融合	产业融合度较低	产业数字化与数字产业化两翼并驱
运行运营	重建设,轻运营	重运营,建生态

总的来说,传统智慧城市建设更关注技术层面,包括基础网络、感知设备、云计算设施等。新型智慧城市建设更多地着眼于城市本身,试图构建敏捷的生态系统,以数据作为驱动力,运用新一代信息技术推动城市的现代化演进,针对城

市存在的问题给出系统性的解决方案，构建完善的社会治理体系，提高政府治理能力，为经济社会发展提供更牢固的安全保障，提升人民的生活质量和幸福感。

综上可以看出，新型智慧城市有五大特征，如图1-4所示。

图1-4　新型智慧城市的特征

① 新范式

坚持以人为本，坚持"优政、惠民、兴业、强基"的理念，实现多方资源的交流与共享，推动多项产业的融合发展，推进服务全面转型升级；将数字基础设施作为坚固底座，建立起强大的数据中台和业务中台；打造数字政府，发展数字经济，构建数字社会；打破数据之间存在的壁垒，让更多的主体和要素参与到新型智慧城市建设中来，使各方形成更紧密的协作关系，实现更加高效的配合。

② 新要素

数据是构成新型智慧城市的核心要素，数据底座中数据的来源包含了多个空间，包括物理空间、经济空间、社会空间。城市中蕴藏着海量的数据，借助数据分析技术，能够将数据转换成可为决策提供支持的信息，帮助政府做出更加合理的决策，对城市的运行和经济的发展产生积极影响。

③ 新基建

数字基础设施包括5G通信、数据中心、产业互联网等，它们构成了新型智慧城市的底层架构。因此，建设新型智慧城市，应该全方位地布局智能感知设备，构建空天地海一体化网络，推进天基信息网、未来互联网、移动通信网的融合，形成以立体化布局为主的新型智慧城市新基建，改变传统智慧城市以地基网为主的基础设施建设格局。

④ 新算力

新型智慧城市建设采用的数据有多个来源，同时数据本身具有异构性，另外数据会涉及一些比较敏感或关键的问题，比如居民的隐私和安全。数据的生成可由边缘计算在云上完成，生成数据采用的方式是深度学习。针对信息处理过程中出现的信号延迟问题，可以在设备中推断和预测模型，以获得更高的实时处理速率，让信息处理变得更加安全、可靠。另外，出于信息互联互通的需要，可以调整设备的部署方式，在新旧设备之间进行灵活部署。

⑤ 新生态

新型智慧城市建设将改变系统软硬件机械组合的格局，构建起共生、共治、共赢的新生态。这一新生态的参与者包括政府、企业、市民等，所包含的环节有规划、建设、运维、服务等。

03　新型智慧城市的架构与框架

新型智慧城市包含丰富的要素，拥有多样化的应用领域，各部分之间能够产生相互作用，还可以根据现实需求进行演化。以上特质使得新型智慧城市能够促进信息、资源、服务等多个方面的交流与协同，并由此对机制和流程作出创新。系统化、科学化、智能化是新型智慧城市所应具备的特性，也是评价新型智慧城市的标准。新型智慧城市的架构与框架如图1-5所示。

从图1-5可以看出，新型智慧城市的智慧应用为"优政""惠民""兴业"，即社会治理智慧化、社会生活智慧化与社会生产智慧化。

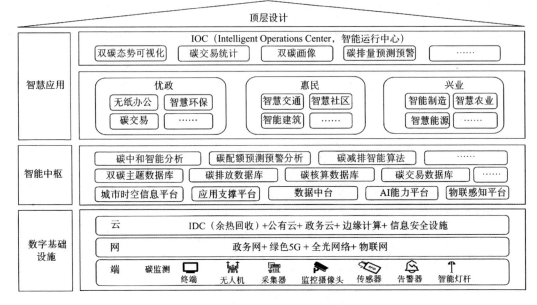

图1-5 新型智慧城市的架构与框架

（1）社会治理智慧化

在新型智慧城市架构中，信息技术可以应用于多种城市治理场景，并使得数据资源在城市治理中发挥重要作用。具体体现为以智能化、智慧化、数字化的城市治理作为目标和导向，推进城市治理发生变革，创新政府与民众的互动方式，使政府能够更好地了解民众的需求和建议。

社会治理智慧化以数字技术作为基础，借助数字感知、宽带互联、智能应用等手段，推动社会治理朝着智能化的方向转型，形成全新的社会治理模式，并覆盖城市生活的全部领域和全部场景，提升治理效率，提供更高质量的社会服务。在社会治理智慧化中，城市大脑这一智能系统发挥着关键作用，为城市治理注入了能量。

此外，社会治理智慧化还鼓励社会主体参与到社会治理中来，为其提供更多的参与渠道。在智慧化的社会治理中，企业、社会组织、民众等社会主体可发表关于社会治理的想法和意见，或是提出自己在社会生活中遇到的问题或产生的需求。社会各界的参与有助于构建以人为本的社会治理形态，使公共服务能够更好地适应公众的多样化需求，实现可持续的社会治理。

（2）社会生活智慧化

大数据、云计算、物联网等新一代信息技术为多个城市公共服务领域带来了改变，包括教育、医疗、卫生、交通等。运用新一代信息技术，新型智慧城市能够为民众生活和企业经营提供更多便利，切实提高居民的生活质量，促进经济的发展。比如，虚拟现实、增强现实、混合现实等技术能够为人们创造出一个虚拟空间。在这个空间中，人们可以获得沉浸式体验，实现对外部世界的感知，并进行种种交互。在虚拟空间中，人们可以购买生活必需品和其他商品，寻求医疗服务，教育活动和娱乐活动也可以在空间内照常开展。由此可见，新一代信息技术打破了空间限制，使得人们需求的满足可以不受距离、时间等因素的限制，而这也是社会生活智慧化的意义所在。

（3）社会生产智慧化

人类历史上已发生过多次科技革命和产业变革，积累了雄厚的技术和产业基础，以此为条件，人工智能等技术将推动新一轮产业变革，对生产、消费、分配等多个经济环节产生重大影响，催生出新需求，围绕新需求将出现新的产品，建立新的产业，形成新的发展模式。

目前，数字技术创新方面一直在产出新的成果，科技发展带来的链式突破将为经济发展提供重要推力，使得企业沿着数字化的道路实现转型升级。社会生产智慧化将用到云计算、大数据、物联网、人工智能等多种技术，借助数据感知、端到端集成与建模等手段建立起智慧化生产模式，同时能够实现个性化定制生产，为产业结构带来深刻变革，大幅提升社会的生产力水平，引领人类生活走向新时代。

04　新型智慧城市建设的重点方向

推进新型智慧城市建设，需要发挥市场在资源配置中的决定性作用，并鼓励民众、企业等各方参与，并确保在这个过程中政府起到引导者的作用。具体而言，完善新型数字基础设施、推进公共服务公平普惠、深化城市数据融合应用、优化新型智慧城市生态是新型智慧城市建设的重点方向，如图1-6所示。

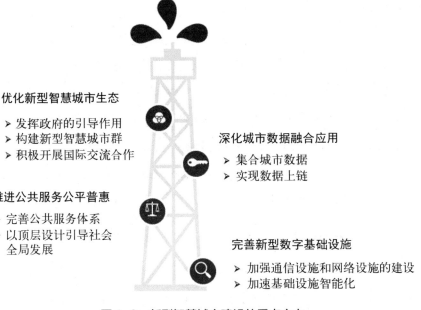

图1-6　新型智慧城市建设的重点方向

（1）完善新型数字基础设施

完善新型数字基础设施的工作，主要从两方面入手。

① 加强通信设施和网络设施的建设

加速信息网络向泛在网的转变，提升信息网络的智能化和服务化水平，从而实现多方的信息共享；采用移动通信并推进移动通信的宽带化，随时随地提供计算、数据、连接等各项服务；利用5G、窄带物联网等新一代信息技术，将高速宽带无线通信的覆盖范围扩大到整个城市。

② 加速基础设施智能化

推动城市中的道路设施、排水设施、照明设施等各项基础设施实现智能化，借助物联网实现城市基础设施之间的相互感知，以基础设施为抓手提升城市的智能化水平。

（2）推进公共服务公平普惠

推进公共服务公平普惠，主要从两方面入手。

① 完善公共服务体系

在互联网、大数据、人工智能等技术的帮助下，促进各部门与各地区间的协同，构建稳定、高效的公共服务体系，采用主动服务的模式，为民众提供教育、医疗、就业、养老等多个方面的公共服务，满足居民生活中的基本需求。

② 以顶层设计引导社会全局发展

加大对农村或困难地区的扶持力度，提高发展的均衡性，努力做到发展成果为全民所享。在农村地区加强信息基础设施建设，运用信息技术为农村的发展创造机遇，缩小城乡差距。另外，部分人群因为客观条件的限制无法充分体验和享受数字信息服务，针对此问题，应引导企业开展相关的研发工作，从而降低服务门槛，推动公共服务普惠化。

（3）深化城市数据融合应用

深化城市数据融合应用，主要从两个方面入手。

① 集合城市数据

基于数据建设城市大脑，让数据深入参与到政府决策中来，根据城市数据的智能分析结果作出更加合理的决策，提升决策效率和政府的透明度。比如，通过采集城市数据，政府能够及时感知到城市中存在的风险因素，准确预测风险因素的变化情况并作出应急决策，采取相应的防范措施，确保物资和救援能够及时到位，降低风险带来的影响，保障民众的生命财产安全。

② 实现数据上链

完善社会信用体系，实现政府相关数据上链。上链后的政务数据将向外界公开，数据可以被查询和追溯，这样做能够提高民众对政府的信赖程度，建立具备良好公信力的政府。

（4）优化新型智慧城市生态

优化新型智慧城市生态，主要从三方面入手。

① 发挥政府的引导作用

政府要发挥引导者的作用，鼓励企业、社会组织等多方参与到新型智慧城市的建设中来，遵循可持续的运营理念，打造健康的新型智慧城市生态，为民众提供更优质的服务。同时，在数据的治理和开发上，要建立有效的机制以保障数据利用的安全，让数据成为新型智慧城市健康生态的重要组成部分。

② 构建新型智慧城市群

在新型智慧城市群的建设上，长三角、大湾区等经济较为发达的地区可以发挥带头和示范作用。新型智慧城市群有助于实现数据的跨地域共享及业务的跨地域协同，为城市和乡村提供均等的公共服务，促进城乡一体化发展。新型智慧城市群中存在若干发展水平较高、城市治理能力较强的中心城市，这些城市的先进治理经验可以为区域内的其他城市提供借鉴，带动区域整体综合治理能力的提升。

③ 积极开展国际交流合作

将我国在新型智慧城市建设上取得的成果推广到国外，通过输出产品和理念培养数字经济的海外市场，这样既有助于提升我国的国际形象，也能够扩展新型智慧城市相关产业的发展空间。

第2章 国外智慧城市建设实践与经验启示

01 伦敦：数字技术驱动智慧城市

世界范围内，伦敦在智慧城市建设上取得了较为突出的成果，主要体现在公共服务水平、数字产业、城市创新生态系统等多个方面。比如，《2014年全球智慧之都评估报告》显示，在20座全球城市中，伦敦排在前三位；2018年，西班牙纳瓦拉大学全球化中心发布了"IESE城市动态指数"排行榜，伦敦与纽约、巴黎一起获得了"全球最佳智慧城市"的称号。

伦敦在智慧城市建设上取得的成绩归功于数字技术和人工智能的应用，下面我们将介绍伦敦智慧城市建设的具体成果。

（1）伦敦智慧城市规划和建设实践

伦敦智慧城市建设的成果主要体现在环境保护、城市安全、区域试点等方面。

① 环境保护方面

运用数字技术，推出了新型"清洁技术"产品。伦敦市内分布有大量传感器，这些传感器可以实时采集数据，还能够从每个区域的空气质量监测网络处获取数据，根据数据进行建模，对污染排放和气候变化情况作出预测，并采取有效措施作出应对。2018年伦敦市政府斥资100万美元建设C40空气质量监测网络，致力于以较低的成本完成空气质量传感技术的研发，借助传感技术可以采集到伦敦各地的空气质量数据，采集点数量达到数千个。

② 城市安全方面

智慧城市建设对城市治安起到了积极作用，提高了治安管理效率。根据采集到的数据，运用数字技术，警察能够对犯罪的时间、地点等重要信息作出分析，参照分析结果开展有针对性的巡逻，尤其对事件频发的区域给予重点关注。公共安全部门会使用交互式公共仪表板，警察在执行公务时需携带佩戴式摄像机，这些设备的运用有助于证据的收集。

③ 区域试点方面

将伦敦奥林匹克公园选为试验平台，试验对象包括智能数据、发展的可持续性，以及社区建设中采用的新标准，试验得到的成功经验将在市内全面推广。该公园还承担环保相关的试点工作，公园内设有一个数据平台，平台会记录公园内建筑物的能耗情况，并采集空气质量数据，提醒人们重视能耗和空气质量。此外，公园还配备智慧移动实验室，自动驾驶技术及5G基础设施的试点工作都在实验室内进行。

（2）伦敦智慧城市建设的做法和经验

伦敦智慧城市建设中的一些做法和经验是值得学习与借鉴的，主要包括以下几个方面。

① 鼓励社会各界参与社会治理

在制定智慧城市规划的过程中，重视了解各方需求，积极听取各方意见，让技术专家、公共服务机构、市民都参与到规划的制定工作中来，根据社会各界的意见和看法对规划相关的指标作出评估和调整。

在智慧城市规划过程中做到了信息透明，为各方参与规划创造了条件。比如，详细介绍智慧城市建设中每一条路径的规划，包括规划中的具体措施，公众可以在线上实时了解到建设的实际进展状况，此外建设进度也会发布在一年一度的伦敦科技周上。

② 促进数据整合与共享

将数据视作新的城市基础设施，提出要依托数字技术保持伦敦世界级城市的地位，强调数据的开放性，数据开放的好处是所有市民都能用更低的成本获取更多的信息，能够实现效率的最大化。秉持这样的思想，伦敦市政府建立起城市网络数据中心，将各区域各部门的数据整合起来，比如 London DataStore 就是一个对公众免费开放的数据资源库，如图2-1所示。该平台能够提供涵盖就业、交通、环境、经济等多方面的数据信息，研究机构、专家学者、商业组织以及普通市民等均可以运用它来更好地参与城市的规划和管理，解决城市发展中遇到的种种问题，提升公共服务水平，图2-2为该资源库在就业方面的基础数据分析。

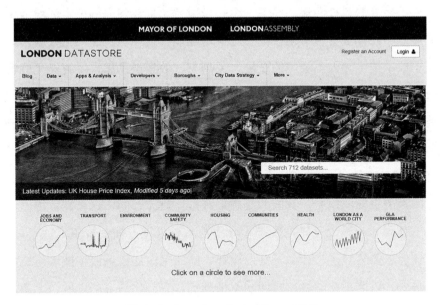

图2-1　London DataStore 界面

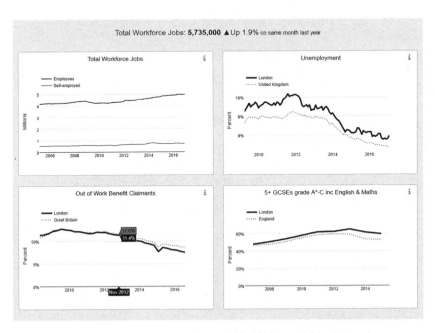

图2-2　London DataStore 基础数据分析（就业方面）

③ 发展数字技术与人工智能

伦敦素有"欧洲科技之都"的美誉，而近些年来伦敦也很好地把握住了数字技术和人工智能的科技潮流，在这两个领域取得了世界领先的技术创新成果，在产业发展方面同样处于优势地位。智慧城市建设过程中会产生海量数据，这些数据可用于数字技术和人工智能的发展，反过来，数字技术和人工智能又能够对数据进行开发，以服务于各种城市需求，从而拓展数据资源的应用范围。就目前来看，清洁技术、数字健康、移动创新、金融科技、法律科技等已成为伦敦新的优势产业。

④ 加强数字技术与城市基础设施的融合

在欧洲的主要国家中，英国的基础设施是比较完善的，这在其首都伦敦得到了充分的体现。一直以来，伦敦都十分重视基础设施方面的投资，特别是交通、能源、住房、循环经济、社会基础设施等，同时伦敦还注重数字技术与城市基础设施的融合，以此来推动城市管理朝着精细化、智能化的方向发展。比如，伦敦借助车牌识别系统向车主收取交通拥堵费，有效提高了办事效率；使用了智能电表和智能水表，避免了能源和水资源的浪费，达到了节能的效果。

02　纽约："全球创新之都"的实践

在谈及全球范围内智慧城市的发展时，纽约在城市转型上取得的成就是一个绕不开的话题。20世纪90年代，纽约开始推进多个信息化和智能化项目，这是其城市转型开始的标志，此后纽约沿着转型的道路持续前进。2008年，金融危机席卷全球，经过这次危机，纽约市政府认识到资本驱动型经济的脆弱性和不稳定性，从而更加意识到城市转型是一项迫切而必要的任务，转型造就的多元经济基础能够更好地抵御外部风险。由此，纽约确立了今后城市发展的方向，力图将城市发展的驱动力由金融资本转变为科技创新，尤其要充分利用信息化、智能化等新出现的科技发展机遇。

纽约是一座国际大都市，拥有雄厚的经济实力和深远的文化影响力，但光鲜背后也存在一些不容忽视的问题，包括生活成本高、贫富差距大、基础设施陈旧、环境污染严重等。为了应对城市发展存在的问题，2015年，纽约市政府发布了《一个纽约：繁荣而公平的城市发展规划》，将增长（Growth）、平等（Equity）、可持续（Sustainability）、弹性（Resiliency）作为城市发展的新愿景，而智慧城市建设对实现发展愿景能够起到重要的推动作用。

纽约市技术与创新市长办公室承担《一个纽约：繁荣而公平的城市发展规划》的实施工作。该机构认为公平是智慧城市的重要体现，提出在有关民生和公共服务的领域引入数字技术和智能技术，消除数字鸿沟，让各阶层、各种族的居民都能享受到数字化和智能化的发展成果，提供普惠性的城市服务，有效促进社会公平。

由此，智慧与公平的结合成为纽约智慧城市建设的总体战略，围绕这一战略，纽约市政府做了以下几个方面的工作：

- **设施建设**：确定基本原则及总体框架，以指导联网设备和物联网设施的建设，并协调好实际设施建设过程中的各项工作。
- **创新试点**：与具备较强科研实力的学术机构和企业建立合作关系，开展科技创新的试点工作，推动科技创新取得新成果。
- **经验分享**：由于世界范围内的多个城市都在智慧城市建设上取得了一定的成就，积累了一些经验，因此积极与其他城市进行交流合作，汲取先进经验，应用先进技术。

在具体建设成就方面，纽约建立的市政客户服务平台NYC311是一个典型的代表。纽约全体市民可通过NYC311获取全天候的公共服务。NYC311支持多种访问语言以及热线电话、网站等多个访问渠道，同时还照顾到了视障人士和听障人士等特殊群体。LinkNYC是纽约建设的高速无线网络，供全体市民免费使用。这一无线网络的实现工具是安装在纽约各条街道上的无线连接亭，除了提供全天候的网络连接服务外，LinkNYC还支持拨打全国各地的电话，并且在无线连接亭内，市民可以为其移动设备充电。此外，纽约的智慧城市建设项目还包括自主决策系统、智慧灯杆等,这些项目体现了智慧与公平普惠的结合。

在智慧城市的建设过程中,纽约注重公共数据的开放和共享,运用数据提升城市治理水平,创新服务模式,让数据成为实现城市良好、健康运行的重要驱动力。

由上文可知,纽约积极推进城市转型,建设智慧城市,是出于抵御金融危机等外部风险的考虑,也是为了有效解决城市治理过程中存在的种种问题。此外,纽约还试图通过智慧城市建设提升城市的实力和地位,成为世界范围内居于领先地位的科技创新中心,让科技创新成为经济发展的新动能,构建智能经济体系,形成智能经济模式,提升整体产业竞争力,为市民提供更多的高薪就业岗位,提高市民的生活水平,实现城市的公平发展和可持续发展。

2009年以来,纽约市政府制订并实施了一系列计划,以对科技创新起到促进作用,助力纽约成为"全球创新之都"。这些计划主要涉及应用科学、融资鼓励、设施更新、众创空间四个方面。

- **应用科学**:针对纽约在应用科学方面存在的短板,鼓励世界范围内以应用研究见长的顶尖理工科院校在纽约设立校区或是建立科技园,着力培养应用型科技人才。
- **融资鼓励**:作为国际金融中心,纽约对于资本有着较强的吸引力,政府利用此方面的优势设立种子基金和贷款基金,鼓励科技创新创业。
- **设施更新**:更新城市基础设施,创造更加便利的城市生活,让人们感受到友好和包容,吸引更多的企业和人才来到纽约从事科技创新创业活动。
- **众创空间**:调动全市创新创业的积极性,集聚全市范围内的创新创业资源,将纽约打造成一个充满创新活力的众创空间。

计划实施的十多年以来,纽约在科技创新领域取得了飞速进步,成长为世界领先的科技创新中心。纽约市吸引了大量高科技人才及多家科技龙头企业。在人才方面,各高等院校、研究机构的博士和院士、科学家、工程师组成了一支庞大而优质的人才队伍;在企业方面,谷歌、亚马逊、IBM等多家顶尖科技企业在纽约设立了分部,形成了产业集群效应。科技产业在纽约经济中占据了很大的比重，根据纽约市政府发布的数据，科技产业已经成为纽约仅次于金融业的第二大产业。

此外，基于科技创新领域取得的巨大成就，纽约重视科技创新与本市传统优势产业的融合，例如，将互联网、智能手机等引入金融、时尚、文化等传统产业领域，为传统产业增添新的活力，创造新的发展机遇和经济增长点。沿着智慧城市的转型道路，纽约成为全球科技创新中心，创造了巨大的财富，极大地提升了城市的综合实力。

纽约是全球最发达和最具影响力的城市之一，而这样一座城市同样面临各种挑战和问题。在现实面前，纽约市政府积极寻求城市转型，推动智慧城市建设，并取得了瞩目的成就。纽约在城市转型过程中形成的思路和经验，比如对智慧与公平的兼顾、对科技创新的重视等，可以为世界其他国家的智慧城市建设提供参考。

03　新加坡："智慧国家"发展战略

新加坡是一个城市国家，因此对于新加坡来说，智慧城市也就意味着智慧国家。新加坡需要以有限的国土承载持续增长的人口，同时该国还面临建筑能耗、气候变化等较为严峻的问题。面对现实挑战，新加坡提出了"智慧国家"的发展战略，这一战略包括起到支撑作用的三大支柱以及一个通过收集多方数据建立起来的虚拟新加坡，即现实中新加坡的数字孪生体。

（1）"智慧国家"的三大支柱

新加坡的数字化计划是实现"智慧国家"的重要支撑。数字化计划由数字经济、数字政府、数字社会三大支柱组成，如图2-3所示。其中，数字经济旨在将数字化作为经济转型和变革的推力，并由此带动政府和社会层面的变革，比如实现政府服务的数字化；数字政府负责为数字经济和数字社会创造有利的发展条件；数字社会则更多地体现为一个总体目标。

图 2-3 新加坡"智慧国家"的三大支柱

① 数字经济

为经济发展开辟新的道路、创造新的机遇，是数字经济的核心内容。数字经济将推动业务的增长，改善就业情况。新加坡发起了数字信息新加坡运动，这一运动有政府、企业、组织、个人等多个主体参与，主要目标是推进数字化成果的转换，并且做到数字化成果为各方共享。

针对数字经济的发展，新加坡信息通信与媒体发展管理局制定了相应的行动框架。数字经济行动框架提到新加坡要在现有数字经济发展成果的基础上持续进行自我改造，并从部门转型、生态系统、产业发展三方面提出了数字经济发展的三大战略。具体而言，这三大战略分别是推动经济部门沿数字化方向实现转型、发挥数字技术的驱动作用构建新生态系统、培育新一代数字产业。人才和数字基础设施是实现数字经济发展战略的基本支撑，创新活动则对战略的实现起到了重要的推动作用。此外，政策的引导和支持也是促成战略实施的重要因素。

② 数字政府

实现公共机构的精简化，提升公共机构的稳定性，是新加坡政府的目标。数字化能够推动政府的转型，创新政府部门的运作模式，显著提高政府服务效率。由总理办公室直接领导的智慧国家和数字政府工作组描绘出了数字政府蓝图，其中包括建立数字政府所采取的策略以及所要达到的预期目标。

根据数字政府蓝图，数字政府的建设工作主要包括以下六个方面的内容：

- 掌握市民和商业的需求，根据实际需求进行各项服务的整合。
- 除了整合服务之外，政策、措施和技术的整合工作也要同步开展。
- 对政府所使用的信息通信技术基础设施作出更新，并进行基础设施的重组。
- 对系统进行维护，保障系统运行的安全、稳定、可靠。
- 强化数字化能力，为实现创新提供基础。
- 在创新过程中发挥市民和产业的作用，并推动创新的应用。

③ 数字社会

数字社会将为经济发展提供便利，并推动经济和社会实现可持续发展。在数字社会中，人们的数字化和信息化能力将得到加强，并能够通过参与数字社区和平台获得更多的发展机会。

新加坡通信信息部规划了数字社会储备蓝图，指出了数字社会建设的四个战略重点。第一，增加数字资源和数字能力的获取渠道，体现数字化的包容性；第二，提升国民的数字素养，让数字素养成为国民意识的一部分；第三，发挥社区和企业的作用，扩大数字技术的应用范围；第四，从设计层面入手，增强数字化的包容性。

（2）虚拟新加坡

虚拟新加坡是新加坡"智慧国家"发展战略的一部分，由新加坡国立研究基金会、土地管理局、政府技术局领导建立，此外达索系统提供了技术支持。虚拟新加坡是新加坡的3D数字复制品，它的构建参照了现实地理信息以及实时动态数据，可用于城市规划工作，对城市规划中存在的问题及问题的解决方案进行模拟测试，确定问题的原因、影响及方案的可行性。除了城市规划之外，虚拟新加坡的用途还包括以下几个方面。

a. 虚拟新加坡包含大量数据，并运用了可视化技术。不能简单地将虚拟新加坡视作一幅3D地图，它更是一个元宇宙世界，囊括了丰富的场景，可以进行实时映射，通过不断更新对数据作出响应。

b. 人们可以运用数字方式对城市化产生更深刻的认识，探究数字化对国家产生的影响，而后将虚拟新加坡用于环境保护、应急管理、基础设施建设、国土安全等领域，提升以上领域的治理水平，针对各领域内存在的问题提出解决方案。

c. 虚拟新加坡可以助力环境问题的解决，促进可持续发展。举例来说，根据新加坡政府的计划和承诺，到2030年，部署太阳能的峰值将达到至少2吉瓦，由此产生的电力可供35万户家庭使用一年。借助虚拟新加坡，可以对太阳能电池板的位置作出合理规划。

新加坡积极拥抱数字技术的潮流，运用数字技术应对国家面临的问题和挑战，并谋求确立新的发展优势。在新加坡，数字化的影响力日渐扩大，从多个方面为人们的生活带来了改变。依托于数字技术，新加坡提出了"智慧国家"战略，将"成为世界上第一个智慧国家"作为目标，意图通过智能化和创新支撑起未来的可持续发展。新加坡的"智慧国家"战略具有全球性的意义，将为国家层面的数字化转型提供重要参考。

04　巴塞罗那："数字城市计划"的启示

巴塞罗那是西班牙的贸易、工业和金融重镇，拥有深厚的历史文化底蕴。另外，巴塞罗那在创新方面也是可圈可点，在2014年获得了"欧洲创新之都"的称号。

巴塞罗那在2000年便开始践行绿色低碳的发展理念，号召全市居民使用太阳能这一清洁能源，而后在全市范围内推广电动汽车，并大量安装充电设备，为电动汽车的使用提供支持。2009年，世界范围内兴起了"智慧全球"的概念，顺应这一潮流，巴塞罗那提出建设"智慧城市"，以此为市民提供更多福利，提升城市的经济发展水平，促进城市的高效和可持续发展。2012年，巴塞罗那已在智慧城市的建设上取得了可观的成绩，完成了多个智慧城市项目，在欧洲智慧城市中居于标杆地位。

（1）《数字城市计划（2017—2020年）》的战略重点

在巴塞罗那的智慧城市建设过程中，2016年10月《数字城市计划（2017—2020年）》的发布是一个关键节点。《数字城市计划（2017—2020年）》由巴塞罗那市议会制定，计划聚焦于技术性基础设施的建设和财政资源的投入，试图借助数字技术让全市居民享受到更加优质的公共服务。《数字城市计划（2017—2020年）》改进了智慧城市的理念，将智慧城市的导向由技术转变为公众权利。在巴塞罗那构想的智慧城市中，公众借助数字技术可以更多地参与到城市政治中来，享有更多的数字权利。

《数字城市计划（2017—2020年）》倡导"数字优先"，在此基础上提出了三个战略重点，对应三个不同的领域，如图2-4所示。

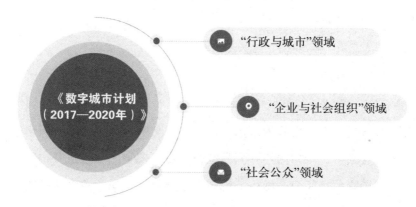

图2-4 《数字城市计划（2017—2020年）》的战略重点

① "行政与城市"领域

在这一领域，《数字城市计划（2017—2020年）》主张利用数字技术来提升城市管理的开放性和敏捷性，取得更好的管理效果。同时，基于数字化转型，运用大量的数据资源，在健康、住房、交通、能源等方面提供更加优质的服务。

巴塞罗那秉持"城市数据共享"理念，集聚大量数据，建立起开放式公共数据结构。数据的来源包括中央数据平台及外部传感器，其中中央数据平台可以提供经济数据，外部传感器则可以提供公共交通、照明、垃圾管理等各个城市系统的数据。数据收集起来后，需要对数据进行管理，这项工作采用区块链技术来完成。企业和公众可从这一开放式公共数据结构中获取各类数据，根据数据为城市管理提供建议和方案。

②"企业与社会组织"领域

巴塞罗那是世界优秀的数字城市之一，是世界移动通信大会、世界智慧城市博览会等重要活动的举办地，拥有成熟完备的本地创新生态系统。在"企业与社会组织"领域，数字技术将成为创新生态系统的一部分。

在数字经济领域，巴塞罗那重视公私合作，鼓励公共机构和私营机构建立合作关系，由此促成了多项成果，包括巴塞罗那科技城、巴塞罗那超级计算中心、大数据 CoE（Center of Excellence，卓越中心）等。这种公私合作的运作模式，使得巴塞罗那得到一些外国投资者和人才的青睐。在公私合作的具体措施方面，巴塞罗那特别重视中小企业的公共采购，以为中小企业提供扶持，提供更多就业岗位。

③"社会公众"领域

"社会公众"领域的智慧城市建设在前面已有所涉及，即巴塞罗那寻求通过智慧城市让公众更多地参与政治。为此，巴塞罗那将公众视为数字城市的重要组成部分，将公众数字化能力的培养列为教育的重点内容，通过教育和数字基础设施建设提升居民的数字能力，尽可能地弥合数字鸿沟。具备数字技能的居民可以更多地参与到依托数字技术的城市民主中。在"社会公众"领域，巴塞罗那试图做到"技术主权"为全体城市居民所有。

（2）巴塞罗那智慧城市建设的经验与启示

首先，巴塞罗那对智慧城市理念进行了革新，不再局限于以技术为导向，而是以人为本，以公众权利为导向，让居民真正享有数字主权。巴塞罗那市民可通过市议会提供的数字工具、开源软件等参与到城市管理中来，提出自己的需求和建议，分享自己的经验和知识。市民的广泛参与，可以提高政府的决策水平，对城市的民主起到了促进作用。

其次，围绕以人为本的整体导向，巴塞罗那重视保障市民的数字权利，培养市民的数字化能力，熟练的数字技能是充分行使数字权利的基础。此外，伦理数字标准、公共参与平台、开源数据门户网站都是巴塞罗那保障市民数字权利所采用的工具。具体而言，数字权利由数据保护、隐私权、信息自决权等多项权利组成。

最后，巴塞罗那在智慧城市建设中将"自上而下""上下连接""自下而上"三者相结合，这种做法同样体现了以人为本，具有一定的借鉴意义。其中，"自上而下"为城市规划者与企业展开合作，依托IT基础设施制定更佳的人流和物流方案，更好地保障公共品的供应；"上下连接"指的是地方行政部门与企业合作提供开源数据，公众可以借助开源数据创建服务，而后行政部门参考公众数据在工作上作出改进，为公众提供更好的服务；"自下而上"是指公众生成并共享数据，同时公众之间还可以开展合作，实现资源的共享，公众的参与将影响城市的决策，提高城市管理水平。

第3章 国内智慧城市建设实践与经验启示

01 北京智慧城市的建设实践

作为全国的政治、经济与文化中心，北京的科技创新力量极为雄厚，国内外的优秀企业、顶尖高校及杰出人才皆汇聚于此，为北京的智慧城市建设提供了丰富的资源。通过与国内一流高校以及互联网、医疗、科技、金融等行业的头部企业开展合作，北京市政府在智慧城市建设领域大胆尝试，率先开展试点活动，并通过政策扶持为各种实践活动提供便利条件，为国内其他城市的智慧化转型提供了案例参考。

为了推动智慧城市的快速发展，北京积极做好各方面的配套工作，通过大数据与云计算、物联网、人工智能等新技术的发展，不断提升数字与生产生活的融合程度，充分推动数据要素在各行各业的高效流动，最大限度地为北京智慧城市建设提供数据支撑。

（1）智慧政务

实现城市的高效治理，是智慧城市建设的重要内涵之一。当前，通过推进数字化技术与传统城市治理服务的深度融合，北京"数字北京"和"智慧政务"的建设画卷正徐徐展开。通过打造政务数据共享平台、政府官网线上业务办理窗口等，北京实现了多业务并联审批、多业务合并办理等，以数据的高效流动代替群众和企业在多个窗口之间的奔波，真正实现了"足不出户把事办成"。

除了在政府官网上开通业务办理窗口，为了进一步提升业务办理的效率，丰富线上服务的类型，北京推出了"北京通"政务App。该App依托互联网，通过手机移动端实现与用户的交互，除了提供常规的政府业务办理服务外，该App还是北京"新型智慧城市"建设实践的重要实施媒介。通过App账号与用户身份证号的绑定，"北京通"能够在群众进行业务办理时自动同步群众的身份信息，既节省了用户进行基本资料上传、身份认证的时间，同时也让业务办理人员能够高效地获取与业务有关的信息。通过生物信息采集和大数据技术，市民可以在"北京通"进行安全的实名认证，将手中的实体卡转化为"北京通"虚拟卡，通过虚拟卡享受与实体卡同等的服务。

（2）智慧城管

城市管理是构建现代化城市治理体系、增强城市治理的整体性和系统性的重要方面。在智慧城市的建设中，北京汲取国内外成功案例的先进经验，通过基础设施、互联网、数据搭建高效的物联网平台，借助其实现城市管理过程中的城市信息收集、城市数据分析、常规服务提供、城市规划决策、城市秩序监察，对城市进行全方位的综合管理。该城市管理方案使北京获得了第一届中国城市治理创新奖。

在该方案中，城市环境秩序和资源物联感知平台、云到端的智慧城管支撑平台和智慧城管综合应用平台起着基础性支撑作用，推动了"基于创新2.0的公共服务""巡查即录入、巡查即监察""感知数据驱动的高峰勤务"三大智慧城管新模式的形成。

（3）智慧安防

城市安防工作是社会公共安全体系的重要组成部分，是城市持续、稳定发展的基石。北京主要通过建设智慧基础设施、引入智慧服务装置等实现对公共安全状况的监管，为公众提供智能化、便捷化的公共安全服务，打造高效的城市安全体系。如推出新一代物联网智慧路灯，工作人员可以使用手机或电脑等移动终端对其进行控制，辅以区域整体的地理信息系统，能够实现对公共电气设施的高效控制，在出现突发事件时能提高响应能力，迅速定位问题。

通过建设北京城市监控立体治安防控系统，能够实现常规区域与重点区域的联合监管，将安检口与监控系统的信息进行融合，保证城市公共区域监控的无死角，构筑区与区、所与所、社区与楼宇、重点层、基础层五大防线。同时，北京在人员聚集度高及重大活动的举行场所安装高清星光球形摄像机，在重点治安区域部署高空瞭望摄像机，实现热点场所与安防后台的数据关联，对各类信息进行实时、定量、定性关联分析，完成各类事件的态势监测，将各类突发性事件信息融合，实现对重大事件的快速指挥处置。

该系统主要借助高性能的监控设备与后台计算机实现对城市的全面监控，实时获取不同场景的状态信息，并能够自动对所拍摄的视频图像进行处理，加快其传输效率，确保信息获取的及时性。同时，通过自动获取、分析手机物理地址，实现场所周边人员行动路线分析，评估整体安全态势。

（4）智能交通系统

实现交通系统的智能化，是智慧城市建设的关键任务。通过引入大数据、人工智能、云计算等先进技术，北京实现了整个交通管理系统的革新，依托交通管理警务云和交通管理大数据中心提供的高效数据传输与处理服务，部署公安网、互联网、感知网三张城市交通管理网，支撑交通监测控制应用、指挥调度应用、信息服务应用、分析研判应用、警务综合应用五大城市交通综合管理应用的运行，真正实现全方位、高效率、科学化的交通管理。

其中，交通管理警务云能够汇集道路视频资源，实现对道路情况的精准、高效分析。管理部门与百度、高德、腾讯等数字地图、导航和位置服务提供商展开合作，及时通过终端 App 进行路况信息的同步。同时，通过路网监测设备，及时掌握道路车流量、拥堵情况等信息；通过对历史数据的分析，构建道路交通安全模型；通过与当前数据的对比，及时进行道路安全问题的预测；使用智能分析生成交通规划方案，借助互联网对道路基础设施进行控制，实现对道路交通的智能指挥。

（5）智慧能源系统

对能源的科学管理关系到能源利用效率的提升和能源结构的调整，是实现城市可持续发展的关键。在智慧能源系统的建设方面，北京通过建设智能监测与能源管理平台，实现对城市热网、电网、企业耗能数据的高效收集，同时借助平台网络实现信息共享。另外，利用系统内的智能数据分析功能，能够生成各区域、各单位及各类能源的使用图表，同时提供能源分配优化方案，帮助各级能源管理平台及时根据能耗实际对能源使用情况进行调整，为可再生能源服务的投入使用制定财务预测，以及在未来几年为清洁能源消耗和降低能源成本做出其他改进，以提升能源利用率，节约能源成本，推动能源结构的优化升级。

（6）智慧医疗

城市医疗建设是民生工作的重点关注方面，也是提升群众幸福指数的重要路径。通过线上医疗平台的建设，北京各大医院实现了医患双方的高效对接。

通过线上挂号系统，患者能够通过手机直接查询医生的排班时间，进行电子挂号，避免了去医院取号可能造成的时间浪费。同时，通过线上挂号，医护人员能够提前与患者进行就诊时间确认，当出现患者不能及时就医的情况时，能够尽快对号码顺序进行调整，避免了时间及医疗资源的浪费。线上移动医疗系统让医生拥有了自己的工作管家，通过登录个人账号，医生能够查看智能汇总后的工作信息，如手术排台、查房计划等。另外，通过线上医疗系统，医生还能够更加快速、精准地获取自己所负责病患的病历、医学影像等，从而实现问诊、检查与诊断的高效衔接，减少了患者的等待时间，从而提升医生的看诊效率。

通过智慧查房系统，医护人员能够以医嘱的输入代替以往的手工录入，同时能够实现对患者信息的智能记录，进一步实现高效查房。通过移动查房设备，医生能够实现远程查房，检查患者的各项指标，并与患者进行详细的沟通，为制定完善的诊疗方案提供基础，这能大大降低医疗成本，也能使患者对医院的满意度大大提升。

02 重庆智慧城市的建设实践

重庆是长江上游和西南地区的中心城市，为了进一步发挥城市职能、为城市的可持续发展注入新的活力，重庆通过提升城市管理和服务能力来缓解因为城市压力过大所带来的一系列就业、住房、环境问题。

在重庆的智慧城市建设过程中，信息技术发挥着不可替代的作用。通过应用大数据与云计算技术，推进信息技术与城市管理的深度融合，重庆打造了独有的城市管理信息平台，有效地提升了政府的服务供给能力；通过推进数据要素的共享流通，重庆实现了信息流在各个主体之间的高效交换，并能够通过大模型建构，及时识别和预测城市中可能出现的异常事件并进行告警，保障城市管理和城市发展的安全、平稳、高效。

（1）重庆的智慧工程

① 建立数字规则体系

大数据是赋能城市经济发展的引擎，也是智慧城市建设中至关重要的驱动工具。数据本身具有复杂性和多样性，因而确保数据安全是建设智慧城市的前提。

重庆市政府通过立法保障数据价值释放的安全性、合理性，推出《重庆市公共数据开放管理暂行办法》等政策文件，实现从数据采集到数据应用的数据全生命周期管理，并出台了《重庆市大数据标准化建设实施方案（2020—2022年）》，成为第一批政务数据开放共享国家标准贯标试点省市之一。

② 构建全要素集群

构建全要素集群，应该围绕以下几个落脚点，如图3-1所示。

图3-1　构建全要素集群的落脚点

- "云"：打造"数字重庆"云平台，实现全市数据上云，通过多云管理系统实现全市云资源的开通、变更、终止等，为政府云服务体系构建夯实基础。
- "联"：在数据互联方面取得开创性成就，推动建成中新国际数据通道，这是国内第一条针对某一特定国家、点对点的数据通道，为后续构建"国际陆海贸易新通道"通信网络与信息服务新体系做好了准备；利用区位优势、数据优势和枢纽优势，建成西部规模较大的数据中心。
- "数"：打造一体化城市治理平台，实现"国家—市—区县"三级贯通的政务数据共享体系，建成城市大数据资源中心，通过一体化数字资源系统、渝快办、渝快政等打造一体化、智能化的公共数据平台。
- "算"：通过重庆智慧城市智能中枢核心能力平台、中国移动边缘计算平台的建设为城市发展提供算力支持，打造智慧城市建设的"智能中枢"。
- "用"：推动数字经济与实体经济之间的交叉渗透，不断培育新业态新模式，2018—2020年三年数字经济增长均达到两位数。

③ 打造"住业游乐购"全场景集

打造"住业游乐购"全场景集，应该以应用为导向，具体如下：

- "住"：通过数字技术与先进设备实现医疗、养老、消防等服务的改造升级，使之更适应现代生活方式，形成智能化的"未来社区"。
- "业"：通过信息共享、平台建设、数智驱动等推动各类教育和就业要素的多元结合，实现智慧教育、智慧就业。
- "游"：深入推动交通数字化转型，建设现代化、高质量、综合、立体的交通网络，打造智慧交通；推动景区基础设施升级，优化景区功能分区，协调景观与智能化设备的安装，打造智慧景区。
- "乐"：通过VR（Virtual Reality，虚拟现实）、AI等技术进行娱乐创新，不断挖掘新的娱乐需求，推动数字娱乐与文化产业的深度融合，开创新的娱乐模式；构建智能化、网络化的数字运动空间，满足人们多元化的体育需求，打造智慧体育。

● "购"：通过打造智慧商圈、智慧金融、智慧物流等场景，提升消费的快捷性与便利性，推动消费模式的多元化，引领新型消费，提升城市商业能级。

④ 发展线上业态、线上服务、线上管理

为进一步实现线上线下融合发展，激发市场潜能，2020年重庆市人民政府办公厅出台了《关于加快线上业态线上服务线上管理发展的意见》，着力探索数字经济新模式新业态。

在线上业态方面，聚焦新兴产业领域，引进中移物联网、忽米网等线上企业和平台，发展产业互联网、新零售，充分发挥市场的引导作用，培育优势品牌；在线上服务方面，围绕"宅经济"等新趋势，不断推动已有线上服务升级、新型线上服务萌生，推动"线上超市""云诊所"等生活服务产业发展；在线上管理方面，打造"渝教云"公共服务体系，推动教育资源的公平分配，通过"重庆交通"App提供定制化的出行服务。

（2）城市大脑：新型城市运行管理中心

重庆市人民政府在《重庆市数据治理"十四五"规划（2021—2025年）》中提到，"十四五"期间，全市数字规则及法治基础不断完善，数据共享开放质量显著提升，数据治理与利用能力持续增强，数据"聚通用"发展水平大幅提升，一体化数据协同治理与安全防护体系全面建成。

新型智慧城市运行管理中心是智慧城市建设的基础性、枢纽性、集约性项目，能够通过数据融合、大模型分析等更好地进行业务资源分配和需求服务匹配，推动数字化业务的高效办理。通过"三中心一平台"实现数字化业务服务的高效供给，实现城市管理、业务办理、资源调度和城市治理的"一网协同"，既推动了城市内部组织结构的变革和管理方式的升级，构建"数字服务型"政府；同时也便利了群众，推动了城市生活方式的转变，为数字化技术提供了更大的应用空间，有利于城市在数字化需求与数字化供给的良性循环中持续进步。

（3）智慧工厂：产业转型升级

重庆是我国重要的老工业基地，1981年开埠，至今已形成以汽车、电子、装备、材料、化医、消费品和能源为支柱的产业体系，其产业结构以实体经济为主。为了更好地推动经济高质量发展，重庆市通过运用数字化技术对传统支柱产业进行升级改造、促进战略性新兴产业形成集群效应、推动产业链供应链现代化等方式，推动产业发展走向低要素成本、高附加值、高转化率。

以重庆市的汽车和电子两大支柱产业为例，通过推动数字技术与先进科技对其生产各环节进行赋能，重庆市完成了智能工厂的建设，有效地提升了生产的智能化与专业化程度，具体表现在以下三个方面。首先，通过对工厂生产车间和设备进行智能化改造，并在此基础上进一步通过物联网技术和监控技术实现生产过程中的全程监控与生产环境的实时监测，监督各类能源的使用情况，不断对生产设备参数进行优化调整，减少碳排放，打造节能、环保、舒适的人性化工厂；其次，通过打造智能化生产线，实现人与机器的交互式分工合作，降低劳动强度，缩减用工成本，同时更加灵活地根据客户需求进行生产环节的调整，实现定制化生产；最后，打造智能物流中心，通过数字化管理技术对运输、存储、包装、装卸等环节进行统筹调度与合理规划，根据实际生产需要进行物料和产品的定向追踪，实现智能化决策，帮助企业优化物流运作，降低能源消耗，降低物流成本。

（4）智慧出行：智能网联汽车

当前，重庆市正致力于车路协同示范区建设，为其与上海、北京等16个城市一同被列入智慧城市基础设施与智能网联汽车（简称"双智"）协同发展试点城市奠定了基础。目前，在建的重庆（两江新区）国家级车联网先导区已经基本完成了礼嘉和龙盛等地云控平台、智能交通信号灯、鱼眼摄像机、激光雷达等智能网联汽车道路基础设施的部署，为智能网联环卫车、公交车、出租车等十几台车辆提供了自动驾驶支撑。

同时，重庆市依据原有工业基础，不断推动智能网联汽车产业发展。重庆市人民政府印发的《两江新区打造智能网联新能源汽车产业集群龙头引领行动计划

（2022—2025年）》指出，要建设世界级智能网联汽车产业集群，打造智能网联新能源汽车第一方阵。

03 青岛智慧城市的建设实践

随着我国经济社会发展的现代化进程不断推进，实现协调发展、绿色发展、高质量发展成为各地政府进行地方建设的重要目标，而推动智慧城市建设则是其具体实施路径。在上海、深圳、北京等城市的示范带动下，青岛借助新一代信息技术，以智能化、网络化为杠杆培育经济和社会发展新动能，采用"1+5+N"模式快速构建智慧城市功能作用网，推动经济和社会的高质量发展。

青岛智慧城市模式即"1+5+N"模式的内涵如图3-2所示。

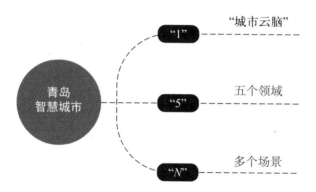

图3-2 青岛智慧城市模式

- "1"指的是"城市云脑"（图3-3），其负责整体统筹推进城市各维度工作，为智慧城市建设提供数据与算力支撑。
- "5"指的是政府服务、经济发展、社会治理、基础设施建设和制度保障五个领域，通过这五方面的支撑，相互配合打造智慧城市数据信息协同共享网络。
- "N"指的是智慧公安、智慧交通、智慧社区、智慧学校、智慧文旅等多个场景，通过对智慧城市相关场景发力，提升城市建设的智慧化水平。

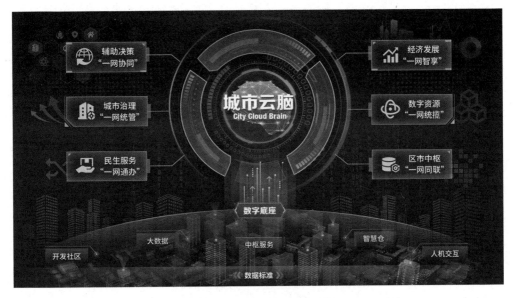

图 3-3 青岛"城市云脑"

当前,青岛已将在城市治理中起到关键性作用的应急、交通等多个部门以及数十个场景与"1+5+N"模式对接,实现了手机 App 线上窗口对城市服务的基本覆盖,同时打通了部门之间、区域之间的服务壁垒,通过数据共享、权限开放等实现了业务的跨区域、跨部门办理。在此基础上,进一步拓宽政府数据的服务范围,探索多种数据与城市场景的融合模式,推动数据在民生服务、创业就业、政府服务升级等领域发挥作用,打造"慧优政""慧民生""慧兴业"品牌,不断推动城市生活走向舒适、智能、便捷,满足居民对"美好生活"的需要。

(1)慧优政

让每一位居民都能享受到智能化、高效、便捷的服务,是智慧城市建设的重要导向,对此,应充分推动城市管理的科学化与精细化,将城市 App、政务小程序等智能化技术嵌入城市管理的各个环节,提升城市管理主体与对象的数字素养,推动管理理念的进步,开创新的管理模式,从而更好地满足城市治理的多元化需求。青岛市"城市云脑"在互联网、人工智能、大数据等新兴技术的赋能下,初步实现了城市资源的高效整合与优化配置,通过智能分析、智能决策为城市建设与发展提供方向指引，在智慧社区、智慧公安、智慧环保的建设方面具有显著成效。

为了做好社区服务，推动居民日常生活场景的改造升级，青岛全市开展"智慧社区"与"智慧城管"试点建设工作。在"智慧社区"建设过程中，通过打造社区智能治理信息平台，为居民提供社区服务导航、社区问题反馈、相关政策解读等帮助，构建起居民和社区的直接联系，让居民能够作为主体参与到社区治理中来，提升治理的有效性。在"智慧城管"的建设中，高清摄像头等智能传感器及智能分析大模型的引入，解决了城市管理"取证难"的问题，同时通过数据分析实时生成城市运行热力图，可以为城市规划提供决策依据。

城市安防工作是城市公共安全的基础，也是智慧城市发展的保障。在"智慧公安"建设方面，青岛市通过强化公安大数据统筹协调机制，实现了城市监控数据、公安平台管理信息、互联网信息的深度融合。通过"智慧应急"建设，通过各级数据中心间的数据互联，实现对公共安全风险信息的获取、分析与识别，发现异常自动告警，对市级应急突发事件能够达到百分百响应，真正实现了以信息化推动城市应急管理现代化。

绿色、健康、可持续是智慧城市发展的终极形态，建设生态宜居城市，需要围绕"智慧环保"和"智慧园林"两个核心展开。在"智慧环保"建设中，通过智能传感系统的部署实现了对社区、街道、功能区空气质量、水质、土地酸碱度等环境信息的获取与分析，并在发现异常后提醒工作人员及时进行整改；在"智慧园林"建设中，通过感应器、电子标签等装置实时监测森林环境，在国家森林资源智慧监测和数字管理平台的基础上，结合本地实际进行技术创新，实现了对林业资源的高效管理。

（2）慧民生

智慧城市的本质是"共建、共治、共享"，其最终目的是提升居民的幸福指数，因而在建设的过程中需要聚焦民生问题，为人民群众排忧解难，真正做到

"群众生活无小事"。青岛市智慧城市建设对居民教育、文化、交通、医疗等领域遇到的问题进行整合,借助数字化技术推动相关服务升级,真正让智慧城市建设的成果看得到、摸得着。

① 智慧医疗

通过线上 App、小程序等实现居民的线上挂号、健康问诊,通过医保账号实现居民个人的身份绑定,在居民就诊后自动进行医保核算报销;电子健康卡、电子健康档案能够保存患者的个人就医信息,提升问诊效率;异地就医医保直接结算已经实现全覆盖。

② 智慧人社

对当前市政部门的业务数据进行整合,通过身份认证后,即可实现个人所有业务信息的一键查看,通过 App 即可线上办理医保查询、养老保险查询、参保证明打印、社保待遇和养老金领取资格认证等业务。

③ 智慧教育

通过智慧校园建设,实现数字化教学;通过打造"互联网+教育"大平台,推动名师课程、海量优质教材的线上共享,打造优质教学资源数据库,实现教育资源的合理配置。

④ 智慧交通

通过完善道路路侧智能设施,配合云平台实现"车路云协同",根据实时车流量和道路通行情况进行交通规划;通过智能交通控制中心控制交通信号灯,有效提高城市交通通行率,缩短高峰持续时间与整体通行时间,提高整体路网平均速度。此外,交通服务与交通治理能力进一步提升,对交通违法行为的定位更加精准,相关行为的查纠率大幅提升。通过应用独创的拥堵判别及自主警情识别技术,实现了对异常情况的自动识别与告警。

(3)慧兴业

为了进一步推动数字技术赋能经济发展,推动数字经济融入社会经济发展的各个领域，打造"智慧产业"，为智慧城市的发展提供经济支撑，青岛市建设新型智慧城市时充分发掘城市生产生活场景中的新兴经济增长因素，推动价值创新。

当前，在打造新型智慧城市应用方面，青岛市政府借助数据要素盘活各类要素资源，通过创建新的流通路径实现已有资源的价值再开发与再利用。通过打造"全市政务数据平台"，打破政务数据与市场之间的壁垒，为企业政务数据建立了新的流通路径，充分体现了数据的普惠性与共享性价值，特别是其在金融服务中的应用，能够帮助银行更好地对合作客户进行需求分析，精准画像，高效地进行信贷产品的推送，同时降低信贷风险。

同时，在智慧城市建设的引领下，数字技术与产业生产、经营等环节的融合进一步深入，推动了产业发展过程中作业效率的提升。以"青岛港智慧港口"的建设为例，借助智能传感技术与智能 AI，实现了卸船、堆存、取料等业务流程的全程监管，同时能为港口作业提供效率更高的优化方案与引导服务。

04 杭州城市大脑的建设实践

城市大脑在智慧城市建设中起着总揽全局的作用，主要负责对城市资源进行整合，推动城市规划、城市建设、城市运行等各部门的协同合作。其本质是通过大数据、云计算、人工智能等数字科技打造城市数据共享平台，根据相关需求对不同种类的数据进行融合和分析，以实现城市体征的动态监测、城市治理的决策提供、城市资源的优化配置、城市问题的全面治理、突发事件的识别预警等功能。杭州城市大脑 App 界面如图 3-4 所示。

图 3-4　杭州城市大脑 App 界面

杭州城市大脑的建设遵循互联、在线、智能、开放四个原则（图3-5），通过产业、民生、教育、文化、安防、生态等领域内各种场景的数字化改造，推进城市的全域数字化转型，让人们享受到居住在现代智慧城市中的便捷，同时，也能提高城市管理者的决策科学性与管理效率，推动城市治理能力与治理体系的现代化。

图 3-5　杭州城市大脑的建设原则

- 互联：通过互联网、物联网等技术为数据建立高效的流通渠道，形成城市各主体之间的有效连接，推动各部门之间的信息互访与设备协同运作，从而构建立体全息、深度协同的信息资源网络。
- 在线：通过高密度、广覆盖的信息感知网络，实现对多源数据实时收集与同步，实现物物互联与人物交互，通过数字化技术赋予物"表达"的能力。
- 智能：在强大的算力与高智能的算法支撑下，实现对海量、多源数据的分析与处理，提炼出数据中所承载的需求信息，实现智能决策；在深度学习的基础上，深入挖掘数据背后的规律，借助"涌现"功能实现预测与创新；对各类设备进行智能管理，同时根据需求发出相应的控制指令。
- 开放：通过网络推动处理后的信息流向需求洼地，或直接对控制终端进行操作，释放信息的价值红利。信息的开放利用涉及政府、个人、企业等多个层面，通过数据的高效流动实现价值的再创造。

杭州城市大脑建设以"五位一体"为统领，打造"以全面汇总整合全市各级各部门及社会的海量数据，推动系统互通、数据互通，促进数据协同、业务协同、政企协同，打造民生、惠企、基层治理直达"的"一整两通三同三达"总体架构设计推进中枢、系统（平台）、数字驾驶舱、场景四要素建设，实现政府治理能力和服务能力的现代化升级。

（1）"五位一体"的顶层设计

杭州城市大脑将智慧城市建设按照经济、政治、文化、社会、生态文明五大领域进行划分，以之为总的统领，同时在每个领域下又进行二级分支、三级分支和四级分支的细化。如政治领域的二级分支为城市建设、城市治理、城市执法；生态领域的二级分支为城市自然资源管理、城市环境污染治理、城市生态保护等。"五位一体"所统辖的五大领域为干，各级分支为枝，结构清晰，一目了然。

（2）全面覆盖的组织架构

杭州城市大脑以平台纵贯市区县三级行政区，如杭州城市大脑·西湖平台、杭州城市大脑·桐庐平台；以系统横联政府各行政部门，如杭州城市大脑·交管系统、杭州城市大脑·市政系统等，形成了经纬交贯的城市协同网络。

云栖小镇为杭州城市大脑的"神经中枢"，实现了对系统和平台的汇集，并建立了杭州城市大脑运营指挥中心，在杭州市数据资源管理局的牵头管理下负责城市大脑的日常运维、决策指挥、成果展示和技术攻关等工作。

（3）各具特色的数字驾驶舱

各个平台和系统的数字驾驶舱实现了数据分析结果与受众的高效对接，实现了杭州城市大脑运行的可视化。

对于平台来说，数字驾驶舱对政治、经济、文化、社会、生态五个方面的数据进行分析后以图表的形式呈现，实现内容的可视化；对于系统来说，数字驾驶舱则聚焦于工作智能、工作排布、重点工作内容等数据，对其进行量化呈现与可视化布局。分析结果所转化成的图表、几何图形、时间轴等可视化内容最终通过大屏进行展示，受众通过屏幕就能够快速了解相关领域的情况与整体信息，更好地理解大数据信息，把握相关领域、相关维度的发展趋势，推动工作高效开展。

（4）丰富多彩的应用场景

杭州城市大脑既能够从统领城市发展的大的领域对城市发展进行宏观把握，同时又能从惠民利民的日常小事对百姓生活进行微观切入，通过推动日常生活场景的数字化、智慧化，让群众感受到便捷、高效、舒心的服务，在群众生活中植入智慧城市建设的神经末梢。

如余杭区推进的"舒心就医工程"516专项行动将就医诊疗费与用户信用绑定，对于信用良好的用户可实行"先诊后付"，有效解决了传统就医模式中患者在各个环节往返付费的情况，实现了诊疗费用的"一次付清"，既保证了就诊效率，同时也有利于推进社会形成诚实守信的良好氛围。

（5）面向市场的公司化运营

为了解决运行的可持续问题，杭州城市大脑自项目立项起便开始探索市场化运营，既能够为城市大脑的后续建设提供研发投入，同时也能进一步对城市大脑进行推广，助力我国智慧城市的全面建设。

当前已成立的公司包括杭州城市大脑有限公司、杭州市城市大脑停车系统运营股份有限公司等。这些公司多采用市国有企业控股，社会企业和研发团队参股的混合所有制形式，其中便捷泊车的应用场景已获得固化推广，杭州市下辖的多个区县也纷纷开始进行相关产品的市场化运营。

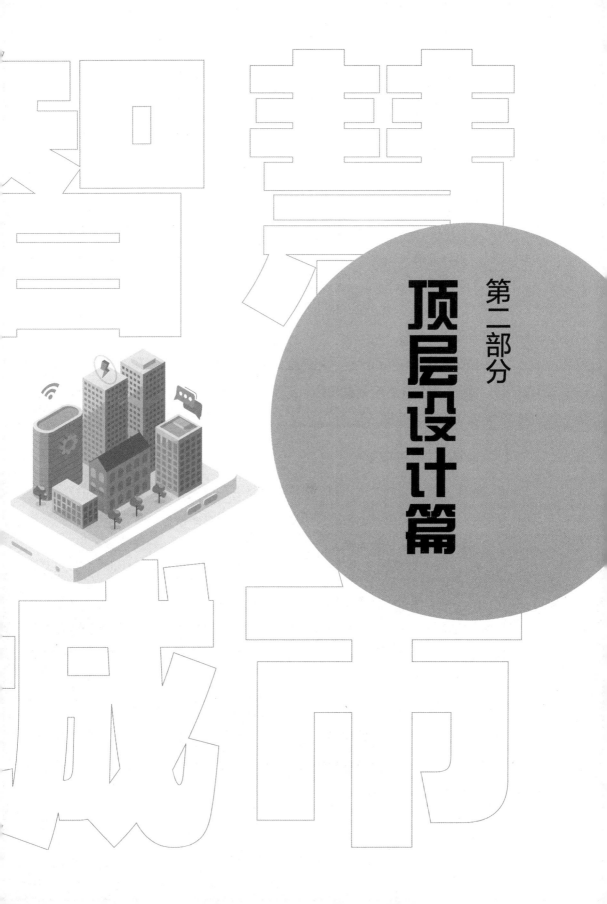

第二部分 顶层设计篇

第4章　顶层规划：绘制智慧城市新蓝图

01　智慧城市规划的内涵与定位

近年来，5G、物联网、人工智能等新兴技术逐渐被应用到各个领域中，并呈现出融合发展的趋势。城市可以借助这些先进技术实现数字化和万物互联，加快智能化发展速度。未来，城市将会向智慧城市的方向快速发展，在各项数字技术的支持下，城市治理将呈现出高效性和智慧性的特点，城市发展的可持续性也将进一步增强。

为了加快推进智慧城市建设，需要推动城市规划创新发展，利用数字技术来采集、分析和实时监测各项相关数据，并利用这些数据来优化国土空间布局，打造现代化的空间治理体系。

（1）智慧城市规划的内涵

从本质上来看，智慧城市规划就是合理配置各项要素资源。随着技术的发展和社会的进步，我国已经进入生态文明建设阶段。在这一阶段，智慧城市规划不仅涉及技术应用，还要具备为未来城市发展提供支撑的作用，同时，其作用对象也从静态的城市空间变为动态化、智能化、共享化的多元城市空间。

从思维模式上来看，在推进智慧城市规划的过程中，需要建立"人、技术、空间"相互增益的研究思维，明确城市中的各项要素之间的关系，并对这些要素之间的作用模式和互动机制进行深入分析，同时挖掘多元化的空间形式，在此基础上搭建智慧人地系统。

具体来说，智慧人地系统概念图如图4-1所示。

智慧城市规划需要充分发挥信息化的主导作用和新兴技术的赋能作用，综合运用这两种手段来为智慧城市规划提供技术和方法上的支撑。具体来说，智慧城市规划概念图如图4-2所示。

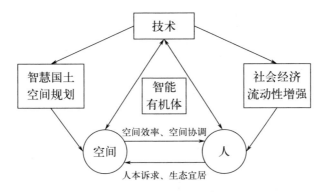

图 4-1 智慧人地系统概念图

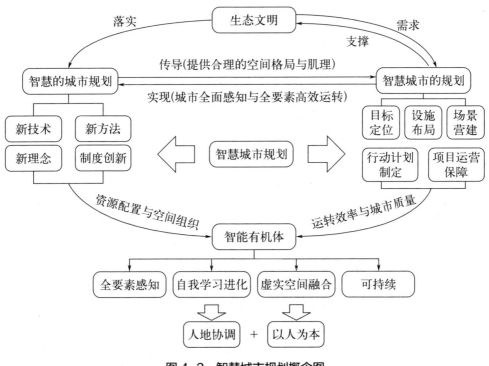

图 4-2 智慧城市规划概念图

（2）智慧城市规划的定位

数字技术在城市运行过程中发挥着十分重要的作用，其广泛应用能够改变城市空间功能和结构以及居民日常生活。在推进智能城市规划的过程中，应充分考虑数字技术的作用和影响，厘清各项城市规划相关内容，明确智能城市规划定位，并优化城市空间要素配置方案和城市空间功能规划思路，搭建起人、技术、空间三者之间相互统一的智慧城市规划框架。具体来说，智慧城市规划的定位如图 4-3 所示。

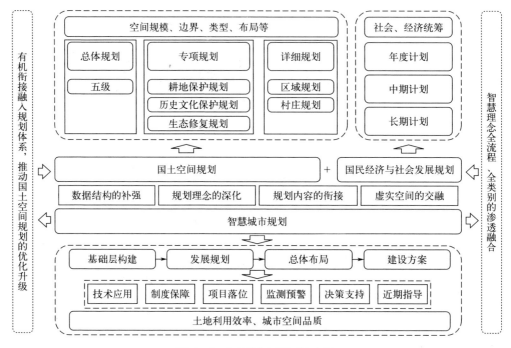

图 4-3　智慧城市规划的定位

02　智慧城市的顶层架构与设计

为了提升城市的承载能力和居民生活质量，推动经济提质增效，需要主动适应和引领经济发展新常态，加快建设智慧城市的步伐，深入贯彻落实《"十四五"新型城镇化建设实施方案》，坚定不移地走中国特色新型城镇化道路，加快推进"新四化"（新型工业化、信息化、城镇化、农业现代化）同步实现，并提高城市发展的绿色化程度。

从智慧城市建设的角度来看，我国在设计、信息、建设和安全性等多个方面均存在不足之处。具体来说，在推进智慧城市建设时并未进行统一规划，也不具备顶层设计，因此部分城市缺乏平台化意识，信息化基础薄弱，尚未实现全方位的互联互通和信息共享，各项业务之间难以实现有效协同，且智慧城市建设的成熟度较低，尚未解决的问题较多。由此可见，为了加快推进智慧城市建设，需要总揽全局，进一步加强顶层设计，解决建设过程中的各项难题。

（1）业务架构："一条链"

在智慧城市建设方面，业务架构的"一条链"指的是智慧城市业务价值链。一般来说，智慧城市业务价值链大多以客户为中心，可用于传递城市价值，且能够为智慧城市业务架构设计提供支持。从理念上来看，智慧城市价值链与智慧城市业务价值链之间存在一定的相似之处，具体来说，智慧城市价值链（L0）如图 4-4 所示。

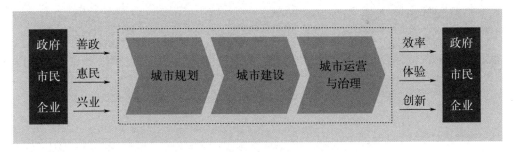

图 4-4 智慧城市价值链（L0）

智慧城市建设主要涉及政府、市民和企业三方参与者，其中，市民是价值链的中心。在推进智慧城市建设的过程中，我国既要将自身目标（善政、惠民、兴业）融入整个价值链设计工作的各个环节中，如城市规划、城市建设、城市运营与治理，同时也要明确智慧城市建设标准，确保政府可以高效率工作、市民可以获得良好的体验、企业可以创新发展。

从实际操作上来看，可以以组件细化的方式构建城市业务能力全视图，并从整体出发，将智慧城市业务能力划分为指导、控制和执行三个层次。具体来说，智慧城市业务能力参考框架视图（L0—L2）如图 4-5 所示。

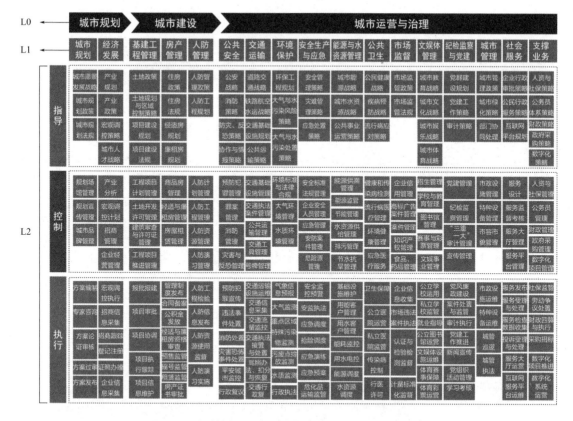

图 4-5 智慧城市业务能力参考框架视图（L0—L2）

在 L0 层，需要对城市规划、城市建设、城市运营与治理进行定义；在 L1 层，要进一步对城市规划、经济发展、基建工程管理、房产管理、人防管理、公共安全、交通运输、环境保护、安全生产与应急、能源与水资源管理、公共卫生、市场监督、文娱体管理、纪检监察与党建、城市管理、社会服务、支撑业务等进行定义；在 L2 层，要进一步对大量 L2 层的组件进行定义。

（2）应用架构：“一张图”

在智慧城市架构设计环节，应加快推进能力服务化、应用场景化和开发敏捷化。

① 能力服务化

积极探索各个领域在业务能力方面的相同之处，并建立数字化服务接口，提高业务流程编排的灵活性，加速业务创新。

② 应用场景化

从具体的业务场景出发，为各项业务提供个性化应用功能，充分满足各类角色对象在运作活动过程中的数字化系统使用需求，提高业务场景的多样性，优化用户体验。

③ 开发敏捷化

精准感知业务需求变化，了解信息和通信技术（Information and Communication Technology，ICT）的发展情况，充分把握新兴技术与业务的融合情况，并在此基础上提高各项相关技术升级迭代的敏捷化程度。

在应用架构方面，可以以短周期迭代的方式来提高转型与业务价值之间的紧密度，合理规避转型风险，建立应用架构一张图，如图 4-6 所示，并确保该图能够呈现出统一的架构、明确的关系以及较为全面的能力。

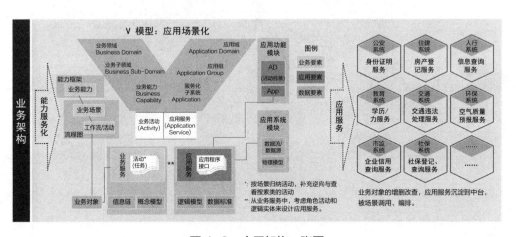

图 4-6　应用架构一张图

（3）信息架构："一张网"

在智慧城市建设方面，信息架构"一张网"指的是城市关系数据网。具体来说，智慧城市数据关系网主要由信息资源目录、数据模型、数据标准和数据分布四项内容构成，且具有关系清晰的特点。

就目前来看，政务数据架构存在对数据模型和数据流向的设计工作重视程度不足的问题，无法在最大限度上发挥各项数据的价值。为了确保加强数据模型与城市关系网之间的联系，需要进一步加强咨询规划，并在此基础上优化设计数据模型和数据分布情况。

现阶段，大多数智慧城市建设方案中的数据较为分散，且质量较低，难以为各项业务提供有效支撑，导致政务业务需要在各个环节进行频繁验证，给企业和市民办事带来了不便。为了解决这一问题，要在信息架构中融入数据孪生理念，综合考虑城市中的各项数据和数据关系，并从数据关系出发展开信息架构设计工作。

具体来说，智慧城市数据架构重点内容如图 4-7 所示。

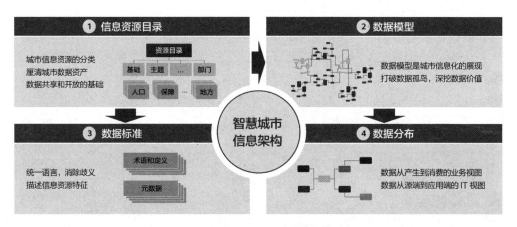

图 4-7　智慧城市数据架构重点内容

具体的智慧城市规划是智慧城市建设过程中必不可少的内容。从实际操作上来看，在推进智慧城市建设的过程中，需要根据智慧城市信息参考模型（高阶概念模型）来优化调整具体规划，并明确设计目标，对整个城市中所有数据的关系进行梳理，确保智慧城市具有明确的参考模型和关系清晰的城市数据关系网。

信息架构"一个模型、一张关系网"能够在一定程度上促进城市发展。一方面，这种信息架构有助于相关工作人员及时找出数据质量问题；另一方面，这种信息架构可以有效提炼业务价值。比如，在推进扶贫工作的过程中，可以从智慧城市"一个模型、一张关系网"出发，广泛采集潜在的被扶贫对象的各项信息，如住房、车辆、存款、亲属资产以及朋友圈和商业圈与该对象之间的资产关系，从而提高被扶贫对象识别精度，以便相关工作人员进一步优化和完善扶贫策略。

（4）技术架构："三方案"

智慧城市的技术架构应具备业务应用需求满足能力和综合管理与运营支撑能力，能够为智慧城市的运行和管理提供支持，同时也要充分发挥集成作用，集成大数据、物联网、人工智能、云计算、融合通信和地理信息系统（Geographic Information System，GIS）等多种新技术的平台服务能力，以便综合运用这些新技术的平台服务能力来提升城市管理效率，提高居民生活质量，推动产业发展。在设计智慧城市技术架构的过程中，需要对各项信息基础设施进行重新定义，以便为智慧城市提供技术平台和赋能平台，助力智慧城市发展。

智慧城市技术架构设计主要涉及城市数字平台、城市运营智慧中心（Intelligent Operations Center，IOC）和各类智慧应用三项内容。具体来说，一方面，需要在智慧城市的数字空间中搭建一个城市数字平台；另一方面，需要在全面考虑各个行业的数据和能力的基础上构建一个 IOC，并将各项智慧应用全部整合到该 IOC 中。

① 一个城市数字平台

城市数字平台中集成了大数据、云计算、人工智能、地理信息、视频和指挥调度等多种资源以及经济、政务、民生和环保等多种智慧应用，能够充分发挥各项资源和智慧应用的作用，为城市行业应用创新提供支持，进一步提高其价值，同时也可以强化平台中的各项应用功能，提升城市数字资产的活性，充分发挥数字价值。城市数字平台架构如图 4-8 所示。

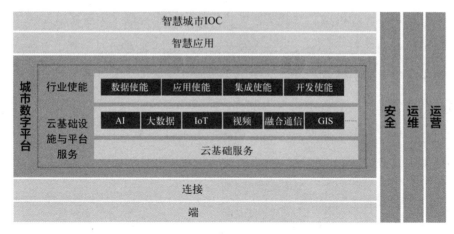

图 4-8　城市数字平台架构

② 一个运营智慧中心

在智慧城市技术架构中，运营智慧中心可以综合运用多种先进技术，如大数据、物联网、云计算、人工智能、超宽带等，融合各项相关数据，进而打通物理空间与虚拟空间，在物理空间中进行端点感知，在虚拟空间中进行决策，再回到物理空间中完成各项智慧化行动，打造出一个完整的闭环。

具体来说，IOC 解决方案总体架构图如图 4-9 所示。

图 4-9　IOC 解决方案总体架构图

③ N 个智慧应用

智慧应用主要与善政、惠民和兴业的智慧城市建设目标有关。具体来说，与善政的目标相关的智慧应用主要涉及融媒体、智慧党建、智慧警务、智慧城管和智慧应急等应用；与惠民的目标相关的智慧应用涉及政务、教育、医疗和水务等多个方面；与兴业的目标相关的智慧应用主要包括智慧旅游和智慧农业等应用。

03 智慧城市规划的步骤与方法

从智慧城市的发展历程来看，我国已经经历了探索、调整、突破和融合发展等多个阶段；从智慧城市建设的内涵来看，智慧城市正逐步向数字化、智能化的方向发展，我国正在加速推进智能化的新型智慧城市建设工作。

从实际操作来看，智慧城市规划的步骤与方法如图 4-10 所示。

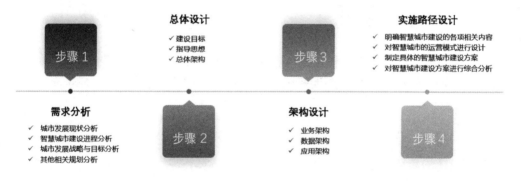

图 4-10　智慧城市规划的步骤与方法

（1）步骤 1：需求分析

对智慧城市建设的需求进行分析，是智慧城市顶层规划的第一步。相关的需求分析主要涵盖以下四个层面。

① 城市发展现状分析

城市发展状况不同，其智慧城市的顶层规划也会有差别。与城市发展现状相关的因素主要包括相关体制机制、经济发展规模、人才资源、信息化建设进程等。

② 智慧城市建设进程分析

数字技术的不断发展和应用场景的逐步扩大，使得智慧城市的建设进程不断加快。在进行智慧城市顶层规划时，需要对智慧城市的建设进程进行分析，相关的领域包括智能设施、信息资源、惠民服务等。

③ 城市发展战略与目标分析

智慧城市顶层规划是城市发展战略的组成部分，因此城市发展战略与目标分析也是智慧城市建设需求分析的重要内容，主要包括战略定位、发展前景及出现的问题等。

④ 其他相关规划分析

其他相关规划分析，即其他与智慧城市建设相关的领域分析，比如国民经济发展规划、土地资源利用规划、生态环境保护规划等。

（2）步骤2：总体设计

对智慧城市建设方案进行总体设计，是智慧城市顶层规划的第二步。具体来说，与之相关的总体设计主要涉及以下几项内容。

① 建设目标

这是智慧城市建设方案中不可或缺的一部分，因此确立智慧城市建设目标也是总体设计的重要内容，需要从城市管理、公共服务、生态环境和产业体系等多个方面进行全面考虑，且建设目标也要具备一定的时效性、明确性、可达成性和可衡量性。

② 指导思想

这在智慧城市顶层规划中发挥着十分重要的指引作用，能够帮助相关工作人员明确建设方向。一般来说，智慧城市建设的指导思想大多与各项国家政策相关，同时也要符合当地实际情况，能够为城市的创新和发展提供助力。

③ 总体架构

这是智慧城市建设的重要支撑，也是智慧城市顶层规划的重要组成部分，通常涉及多种相关架构、体系、技术和应用。良好的总体架构能够对智慧城市发展愿景的架构进行结构化呈现,并在数据、计算、标准、安全、通信和管理等多个方面为智慧城市建设提供强有力的支持。

(3) 步骤3:架构设计

对智慧城市的架构进行设计,是智慧城市顶层规划的第三步,也是智慧城市建设的重要内容。具体来说,架构设计主要包含以下几项工作:

- 对智慧城市的业务架构进行设计,并在设计方案中明确表现出该架构的映射情况。
- 对智慧城市的数据架构进行设计,并确保该架构能够为智慧城市建设提供数据方面的标准和服务。
- 对智慧城市的应用架构进行设计,并在设计方案中对总体架构进行梳理,同时也要明确与智慧城市建设相关的各个系统、系统接口以及智慧城市建设要求之间的关系。
- 对智慧城市的基础设施架构进行设计,并在信息感知、信息通信、数据计算、数据存储等方面为智慧城市建设提供支持。
- 对智慧城市的安全体系进行设计,并增强该体系的安全保障能力,提高智慧城市建设的安全性。
- 对智慧城市的标准体系进行设计,并以标准化的方式推进各项智慧城市建设工作,提高智慧城市建设的标准化程度。
- 对智慧城市的产业体系进行设计,并在创新、创业、技术、数据等方面为产业发展提供支持,对产业运营方案进行优化升级。

(4) 步骤4:实施路径设计

对智慧城市建设的实施路径进行设计,是智慧城市顶层规划的第四步,也是智慧城市建设方案落地过程中的关键一环,其设计主要包含以下几项内容:

- 从智慧城市建设目标出发,进一步明确智慧城市建设的各项相关内容,如任务内容、实施时间和实施方式等。
- 从整体和个体两方面入手，对智慧城市的运营模式进行设计，在提高运营的整体性的同时，重点推进各项关键任务，并对建设投资进行估算。
- 在充分掌握城市的实际情况的基础上，制定具体的智慧城市建设方案，规划建设路径，将智慧城市建设划分为多个阶段，并进一步明确各个阶段的各项建设任务的分工和目标。
- 从组织、考核、政策、技术、人才和宣传等多个方面对智慧城市建设方案进行综合分析，并根据分析结果设置科学、合理、有效的保障措施，确保智慧城市建设方案中的各项计划均可有条不紊地落实下去。

第5章 绿色城市：打造低碳化人居环境

01 绿色产业：推动产业低碳化转型

随着全球气候变暖的加剧，减少碳排放、实现碳中和已经成为世界各国的共同追求，也成为可持续发展的题中之义。2021年，国务院印发《2030年前碳达峰行动方案》指出，"加快实现生产生活方式绿色变革，推动经济社会发展建立在资源高效利用和绿色低碳发展的基础之上，确保如期实现2030年前碳达峰目标"。在具体行动方面，则通过选取100个具有代表性的典型城市和园区作为试点，借助政策、资金与技术方面的支持进行碳达峰方面的探索。该文件的颁布意味着我国正式将碳达峰、碳中和作为国家战略，并由此开展了覆盖全国的节能减排行动。

同时，贯彻低碳理念、实现绿色发展成为城市建设的重要内容，因此需要在发展过程中围绕着生态建设这一核心，借助数字技术推动经济由高速度发展走向高质量发展，将绿色发展理念贯彻到城市生产、城市管理、城市服务的各个环节，通过数据实现城市内各项要素的快速、高效流动，以此推动绿色化转型发展的不断深化。

为了持续推动产业的绿色化发展，我国各地政府积极通过数字技术为产业赋能，推动其提质增效，实现绿色低碳发展，通过将绿色理念与数字经济相结合推出生态环境导向开发（Ecology-Oriented Development，EOD）模式，发掘新的经济增长点，推动形成绿色低碳的产业结构、生产方式、生活方式、空间格局等。

（1）EOD模式重塑城市生态基底

EOD模式的内涵如图5-1所示。该模式注重绿色资源的整合与区域的协调发展，通过"高收益产业＋生态环境治理项目"的联动模式，紧紧围绕生态保护和环境治理这一核心，实现产业发展与生态建设的齐头并进。在该模式下，借助特色产业的运营为生态保护提供物质与资金基础，保障相关组织的基础运营与活动的日常开展；通过区域的综合开发，进行人、财、物等环保资源的合理分配，确保生态保护的推进。生态保护带来的隐性价值又进一步成为区域产业发展的优势条件，从而进一步提升其竞争力，以便更好地为生态保护活动提供支撑。

图 5-1 EOD 模式的内涵

EOD 模式的价值链如图 5-2 所示。从图 5-2 中可以看出，这种运营方式能够有效激发生态环境治理的内在动力，通过盘活土地、老厂房等要素资源，进行基础设施与公共服务设施的绿色改造，构建起城市生态的基础圈层，为相关产业体系的发展奠定基础。

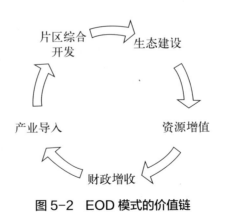

图 5-2 EOD 模式的价值链

（2）构建绿色产业生态体系

各地可以结合地方的产业发展特色及资源禀赋优势，尤其是地方绿色生态资源，提升产业发展的生态支撑能力，通过比较优势吸引要素流入，增强区域发展竞争力。另外，积极引入相关领域的高端产业、头部企业对区域内绿色产业、循环经济等新兴产业形成带动作用，构建地方绿色生态产业链条，推动体系构建，加快培育地方绿色发展新动能。

同时，通过绿色转型倒逼产业升级，加快新经济新产业的布局，对传统产业进行升级改造，将减少环境污染与降低碳排放作为两项重点工作，寻求生态与产业发展之间的平衡，既通过生产过程的循环来实现资源的高效利用，又借助市场化运营与生产方式变革促进生态产品价值的实现，从供给侧与需求侧共同推进绿色生态理念的贯彻，实现新旧动能的转化，让传统产业通过绿色改造重新焕发生机。

（3）推动产业数字化转型

通过数据要素在产业链中的全链贯通与高效参与挖掘新的经济增长点，借助数字技术、科技创新、供应链金融、创意设计等对传统产业赋能，打破行业间因规模经济、产品差异化、资本要求、转换成本、分销渠道等因素形成的产业壁垒，通过数据要素的流动促进"虚拟产业"和"虚拟产业集群"的形成，打造能够对海量、多来源、多种类数据进行存储、加工、处理的数据平台，实现产品研发、应用消费、科技创新等环节的数字串联，推动产业互联网成为下一个蓝海增长点，接力消费互联网并承载其发展，从要素、产业链和金融创新三方面推动经济加快向好发展。

通过全程追溯、产品检测、5G场景应用、数字供应链等构建数据驱动、平台支撑、网络协同的新经济系统，推动新型产业在区域内的高端聚合，提升区域内交易活跃度，充分发挥特色主导产业的带动作用，创新应用场景与产品服务系统模式，建立全价值链、全商业生态的企业之间的连接，实现经济发展的"虚实融合"；以产业发展带动城市更新，通过产业集群推动经济发展资源与生产要素的高度聚合，进一步优化城市产业功能分区，形成能够为周边区域带来外溢效应的产业基地，同时通过供给侧的改革有效促进需求侧的进步，从而推动城市组织形式与生活方式的改变，实现智能化技术对生产生活的深度渗透，做到数字产业化与产业数字化的协同，从生态的角度有效地提升产业规划标准、人才体系、服务体系的质量与水平。

(4) 推动产业绿色低碳转型

通过高效地将数字技术应用于产业发展之中，能够进一步促进低碳生产的实施。例如，通过数字供应链检测、数字溯源、品牌认证等方式实现对产品生产的全程管理，进一步掌握产品在各个环节的绿色达标情况，推动实施工业低碳行动和绿色制造工程。

通过数字平台建设，实现"产、学、研、用"四个方面的高效协同，以绿色低碳技术创新为基础支撑，以资源的高效利用为唯一引领，以相关的人才专业化培育为重要保障，以产品的低碳生产与使用为最终目标，提升对水、电、化石燃料等能源资源的利用率，通过生态技术、高端制造、新能源材料等赋予产业生态技术禀赋与低碳属性，通过数据平台推动相关成果的应用落地，贯通供给侧与需求侧两端，培育绿色低碳新兴产业，通过科技创新精准施策，解决各领域脱碳技术薄弱环节的难题。

(5) 打造绿色低碳生产生活方式

从物质和精神两方面入手，一方面加强理念创新，推动绿色理念在城市中的传递，要求生产经营各环节充分贯彻绿色标准；另一方面通过绿色产品的生产实现消费市场的变革，从而改变人们的生产生活方式。此外，城市管理层要积极倡导绿色生活方式，推动公共基础设施的绿色化发展，如进行城市生态园林建设、推动新能源交通工具普及、设置垃圾分类站等，从而实现环保生活化与生活环保化。

02 绿色规划：构建"规建管"体系

智慧城市的发展要将生态理念融入城市规划、建设、管理思想中，以减少温室气体排放作为各个环节的重要标准，要充分用好数字化技术与智能化技术，从宏观与微观两个层面对城市的绿色更新进行把握。宏观层面，在城市的规划与建设方面，通过科学化的设计统筹与改造完善代替大规模的拆建，提升城市建设与规划的系统性，同时通过生态园林、低碳社区等基础设施的建设提升城市的宜居性；微观层面，要从城市管理、生产生活方式转变等方面推动绿色理念的深入贯彻，如构建城市能源循环系统、推动新能源工具使用、制定地方生态保护标准、建设生态管理一体化平台等，实现绿色资源的整合，提升绿色服务的供给能力。

（1）城市绿色体检

以实现"碳达峰"与"碳中和"的目标要求为导向，通过遥感、互联网、物联网等多源感知大数据实现对城市碳排信息的全面掌握，厘清城市的产业脉络与能源结构，明确城市在低碳减排方面的优势与劣势。同时，通过规划管控数据、规划实时审批数据的接入及大数据分析技术，诊断城市在实现绿色减排方面的难点、弱点，形成城市发展的"绿色档案"，对城市碳排问题分层分级，为城市绿色治理提供决策依据，增加碳封存，减少碳排放。

（2）城市绿色规划

借助统一的资源数据底座与一张图辅助系统，构建城市跨部门协作平台，实现自然资源与生产要素资源的实时同步，同时借助大数据分析技术结合需求实现资源的科学配置，集中要素优势，节约生产成本，提高单位效益。此外，通过导入城市水文、土地、区位、项目、工程、物流等自然与人文地理信息，能够实现对相关数据的智能运算，为城市规划、基础建设、交通管理、公共服务等提供智能规划方案与决策参考。

（3）城市绿色建设

绿色智慧城市建设包括打造绿色建筑发展体系、加大绿色现代基础设施体系建设、打造绿色智慧管理平台三个方面。

① 打造绿色建筑发展体系

加快建筑建设低碳转型，从设计、技术、材料、建设统筹等方面着手，对建筑体系进行更新。

- 通过科学设计实现建筑布局的合理美观、建筑结构的平衡稳定、建筑功能的智能完善。
- 通过低碳节能技术的运用，实现建筑建造与建筑使用过程中对新能源的大规模利用与对传统能源的循环利用。
- 通过生态水泥、绿色玻璃等环保建筑材料的使用，满足建筑建设与使用过程中的低能耗、无污染及多功能要求。
- 通过在建设过程中进行高效统筹，进行绿色工程管理，实现建设过程中资源的合理配置与高效利用。

② 加大绿色现代基础设施体系建设

一方面，要对城市现有的基础设施和建筑进行环保升级改造；另一方面，要增设一批低碳环保设施。首先，应对建筑物、污水站、园林景观、城市排水网络等设施进行改造，包括淘汰生产工艺耗能大的旧设施、安装建筑物水资源循环利用系统、增强市政基础设施与景观的自然融入等；其次，应增设垃圾分类、城市垃圾集中处理站、污水处理处等新型绿色基础设施，以更好地适应城市绿色更新的需要。

③ 打造绿色智慧建设管理平台

通过打造绿色智慧建设管理平台，对项目的设计、材料选用、建造施工、项目验收等各个环节分别进行审查，通过平台工程进度同步功能实现对施工过程的碳排放、生态环境干扰、环境污染等指标的监督，确保管理的有效性与高效性。同时，加快建筑企业间的信息协同，实现资源的共享。

（4）城市绿色运营管理

借助建筑信息模型（Building Information Modeling，BIM）、地理信息系统（GIS）、物联网（Internet of Things，IoT）等技术打造全数据汇集的时空一体化平台，通过对城市自然地理信息、区域能源信息、生态环境参数以及交通、地下城市管道综合走廊、水电等基础设施运行信息的收集、汇聚与分析，实现城市运行过程中的智能决策，进一步优化各类要素的配置，实现城市发展的协调高效。一方面，实现对交通、能源管理、应急体系的智慧化改造升级，使城市治理更加顺畅、高效；另一方面，创建物业、社区、停车场等居民生活的新的应用场景，实现居民生活方式的智能化转变。

通过对基建进行智慧化升级，能够实现城市各类公共服务设施数据的高效收集。

- 通过可视化BIM系统实现对海量多源异构数据的科学管理，建立囊括能源管理、智慧消防、环境监测的城市综合管理服务平台，推进城市一网统管。
- 通过大模型分析城市的排水、输电、送气数据，与历史数据进行比对分析，能够及时发现城市公共服务设施运行中出现的异常情况，及时发出预警，并通过数据定位辅助专业人员提升维护效率。
- 通过生态环境监测系统，能够实现对大气、地表水、地下水、土壤、海洋、声、辐射等各项环境要素的全面监测，当环境参数与标准值相差过大时进行提示，辅助环境保护部门进行污染源确定、环境质量评估等工作，推动城市减污降碳工作的深入开展，进一步提升市民生活环境的宜居性。

03　绿色能源：能源清洁化、低碳化

当前，数字技术的发展加快了能源供需领域的模式革新，传统的能源利用模式正逐渐被智能化技术赋能的新的能源利用模式所代替，主要表现在能源结构主

体、能源供给方式等方面的变革。在能源结构主体方面，由以煤炭、石油等化石能源燃烧发电为主到以核能、风力、水能发电为主，能源的平准化度电成本不断降低，清洁程度不断提高；在能源供给方式方面，由传统的集中式供给为主到分布在户端的分布式能源应用为主。随着互联网技术的发展，能源体系变革也从供给侧变革走向供给侧与消费侧协同变革，能源组成低碳化、能源供应安全化、终端消费电气化、供需平衡智能化成为智慧区域能源系统的新特点。

打造城市的能源运营体系主要包括构建全链路协同的能源系统、完善区域能源综合管理平台、创新智慧能源管理应用场景三个方面。

（1）构建全链路协同的能源系统

能源运营体系建设要树立系统思维，改变原有能源系统"全盘撒芝麻"式的分散布局，破除能源管理之间的技术壁垒、体制壁垒和市场壁垒，紧扣"能源存储"这一关键点，进行能源利用的纵向潜力挖掘与横向耦合发展，实现"风光水火储一体化"，借助技术创新与网联驱动进一步打造能源统一存储、管理、输送、利用的综合系统，实现能源系统的全链路协同。

（2）完善区域能源综合管理平台

通过打造区域能源综合管理云平台，实现能源供给端与能源需求端各链条的贯通与各主体的协同，通过大容量的线上数据库、高效率的线上对接窗口与多维度、多层次、多梯度的线下能源业务的结合，有效提升系统能源服务能力。同时，借助电力公司和综合能源公司提供服务入口，政府、能源服务商、设备制造商、金融机构等能够实现协同交互，实现能源管理和交易活动的高效组织。

① 面向能源供给端

面向能源供给端的服务主要聚焦于实现能源供给者与需求者的高效匹配、提升交易效率、保障交易的安全性。这些可以通过能源交易平台的搭建实现，如碳交易、能量交换、绿证交易等，借助平台实现交易信息的汇集、订单的管理以及物联子系统的对接和交易过程的监管，推动能源、资本要素的共享，实现能源供给商的高效集聚，增强能源供给能力，同时充分发挥市场的主导作用，构建和谐、公平的能源交易生态。

② 面向能源需求端

面向能源需求端的服务则主要围绕"低碳排"这一中心，协助用户进行科学的能耗管理，借助大数据、云计算、人工智能等新技术，实现能耗的智能化感知，辅助企业进行生产过程中能耗的监测、预测与提示，并提供智能分析服务，通过对各项数据的综合计算，为客户提供科学的能源管理方案，实现区域内能源管理的统一。

（3）创新智慧能源管理应用场景

通过数据云、互联网、智能终端、智能芯片、智能技术、通信链所构建的能源通信网络，能够实现对能源产业中能源供给商、能源消费者、政府、能源产品商等多元主体的全覆盖，结合各主体的实际需求进行应用场景创新和产品创新，构建"智脑＋神经系统"特色的智能能耗管理系统。同时，通过与不同的载体相融合形成智慧楼宇、智慧园区、智慧厂房等，可以为客户能源系统提供数字化、低碳化、安全化的管理方案。

通过数据分析大模型与设施物联网融合，实现工厂、建筑、园区、城市等日常生产生活场景中照明设施、空调系统、设备系统的信息采集，自动生成对应场景、对应设施的能源分析报告，为能源结构调整与能源体系优化提供参考，实现能源管理效率的提高和人力、能源成本的降低。

① 建筑和园区绿色运维方面

通过物联网和智能传感系统，能够实时同步楼宇设备的运行信息与能耗参数；通过数据分析绘制楼宇园区能源画像，根据不同设施的能耗规律实现用能预测，进行电力预留等操作；通过楼宇自动化系统的控制功能进行高峰期电力资源的智能分配，并借助场景检测与分析功能，实现自动关灯、自动关空调、智能供电等功能，在节约能源的同时，也能为人们提供更加智能、便捷的生产生活场景。

② 绿色城市管理方面

通过 BIM 智慧管理平台提供的海量多源数据，借助数字孪生技术实现城市及市内基础设施的数字化建模，对其进行能耗评估；利用物联网和云平台形成区域内的能耗数据池，提供各种设施、设备能耗数据的查询服务，实现数据共享；通过建设低碳云平台账户，实现区域内企业能源消耗信息的采集，推算碳排放量，为企业制定能源计划提供参考，同时也能起到一定的能耗监督作用，推动能耗数据透明化。

04 国外低碳城市典型案例与经验借鉴

面对全球化石能源储量下降、气候变暖、污染加剧等问题，需要从根本上谋求解决途径，即转变经济增长方式，调整能源结构，推行绿色、低碳的生产生活理念。然而，由于各地区发展模式、发展水平的差异，难以形成统一的标准，环境污染、生态失衡、资源短缺仍是制约多数城市现代化发展的主要因素。

全球范围内，多所城市一直致力于相关方面的探索，将推动城市的生态保护、低碳发展作为一项长期实行的公共政策，取得了一定成效，也为我国相关建设提供了可供参考的宝贵经验。

（1）英国生态城镇建设

城镇一直在英国的发展中占有重要地位，在实现生态保护、低碳发展方面同样举足轻重。无论是 19 世纪中期第二次工业革命前后兴起的乌托邦式新城镇，还是 19 世纪末霍华德提出的"明日田园城市"构想，都是通过推动逆城市化、发展设施完备的小城镇，来缓解大城市膨胀式扩张带来的一系列能源、环境、社会问题，承担来自大城市的人口迁移，为其提供活动空间、就业机会，并通过小城镇天然的自然环境优势提升人们的生活质量。

在全球资源、环境问题日渐严峻的背景下，为了控制碳排放量、减轻城市资源环境压力，英国政府再次将目光投向了城镇，并于 2008 年提出生态城镇建设目标，通过地方报名、政府遴选的方式确定出四个生态城镇。从地理特征上看，这些城镇往往位于大城市周边，基础设施完善，能够承接大城市的溢出人口，从环境、社会经济和空间三个方面缓解中心城市的压力。从发展规划层面分析，政府希望通过小城镇进行零碳排的开发和建设运营模式探索，要求每个生态城市至少获得城市可持续发展某一领域的成功经验。

① 能源方面

要求生态城镇实现能源系统的绿色升级，优化能源结构，积极开发和应用可再生能源，实现可再生能源系统的全覆盖，推动形成零碳排的能源利用方式。

② 交通方面

从社区规划、公共交通推广、基础设施完善等方面进行部署，丰富社区功能，缩短居民日常通勤路线，提升步行、汽车及公交车的出行率，打造设施完善的日常生活圈，以居民住宅为圆心，确保各项公共设施的分布半径在十分钟路程以内。

③ 建筑方面

应满足对环境的灵活适应、利于环境的循环再生、利于个体的健康与社交、利于人们减轻负担、支持以区域文化为基础等条件，促进其在全寿命周期达到可持续住宅标准四级等相关标准。

④ 绿色基础设施方面

要通过建设绿色开放空间、提高植被覆盖率、扩大公共绿地面积来保证居住环境的宜居性，并要求绿色空间面积占比应在40%以上，且至少有一半应为公共绿地。

⑤ 社会经济方面

要通过为居民提供充足的就业岗位、提高社会福利、完善各类公共基础设施等方式提高居民的幸福指数。

（2）美国波特兰生态城市建设

波特兰市位于美国俄勒冈州，是该州面积最大的城市，同时也是美国城市中规划与设计方面成功的典范。该市人均公园数量居于美国各城市之首，且市内公共基础设施完善，曾连续多年被评为宜居城市。其在生态城市建设方面有很多可供参考的创新经验。

① 城市规划方面

波兰特具有十分先进的城市土地利用政策，早在1979年，政府部门就意识到了需要通过遏制城市过度扩张、保护生态环境来避免城市发展后期出现的一系列资源、环境及社会问题，以保证发展的可持续性。因此，波特兰成为美国首个设立城市增长边界的城市，并将这一概念写入地方法律法规，通过划定城市与郊区土地之间的分界线来控制城市的扩张速度与扩张规模，既降低了城市扩张对自然生态空间的侵占，保护了城市周边的自然资源，同时也倒逼城市内部建设向着高效化、集约化方向发展。

为了保障城市规划与建设的科学性，1980年，波兰特大都会区在城市建设与管理方面引入GIS规划支持系统，用于模拟城市交通，根据城市的发展趋势进行交通发展预测。此外，还能够收集城市发展中的各项信息，为城市管理提供数据支撑，并通过对土地利用、人口、住宅、就业等信息的收集、分析与预测为政府决策提供参考，是美国功能最强大也最复杂的规划信息系统。

② 可再生能源利用和节能方面

波特兰市的能源结构以清洁能源为主，依赖风力和太阳能发电来保证日常的能源供应。同时，为了保证清洁能源的普及度与利用率，该市还配套发展了绿色建筑，并将之作为一项公共政策。相较于传统建筑，绿色建筑的市场价格相对较高，为了保证绿色建筑的有效推行，很多公益性机构免费为居民提供绿色建筑技术支持、材料选择服务和政策解读服务，提升绿色建筑发展的普惠性。此外，在交通上，通过发展新能源汽车及其配套产业（如电能储存等），提高交通体系与能源结构的适配性。

③ 废弃物利用方面

为了实现资源的循环利用，波兰特市一直在推进废弃物的再利用工作。为了降低废物再利用成本，波兰特市还一并推行垃圾分类，将固体垃圾分为纸、玻璃、植物和厨余垃圾，分别设置专门的回收渠道，其中厨余垃圾的利用价值较低，则通过研磨机进行粉碎后排入排水系统。

（3）新加坡生态城市建设

新加坡是享有盛名的花园城市，在气候、医疗服务、住房及公共事业、基础设施、空气质量等方面均有着不凡表现，以下是其生态城市建设方面的特点。

① 城市生态建设方面

其城市花园的构想最早提出于 1965 年，并在这一概念提出后不久展开相关的建设工作，包括进行污染治理、提升植被覆盖率、建设以公园为主的公共绿地等。

其中，公园建设是新加坡在花园城市建设过程中的一个重点项目，要求每个镇区应有一个 10 公顷的大公园，居民区 500 米范围内应有一个 1.5 公顷的小公园，用以调节城市生态、美化城市景观、为居民提供休闲场所，真正实现促进人与自然的和谐共生。20 世纪 70 年代，公园建设基本完成，道路绿化成为新的建设重点，政府在相关标准中规定每条路两侧应有 1.5 米的绿化带。20 世纪 80 年代，提出实施长期生态保育战略计划，通过调整土地利用政策，设立自然保护区，保证人均绿地面积达到 8 平方米，自然保护区总面积占新加坡国土面积的 5%。20 世纪 90 年代，大力进行绿色基础设施建设，通过打造连接各公园的廊道系统构建绿色城市生态网络。

② 公共交通发展方面

通过大力发展公共交通、限制传统燃油汽车出行，以控制碳排放，保证空气质量；通过地铁、轻轨系统、路上公交车实现公共交通的全国覆盖，提升交通通达度与运行效率，推动公共交通工具成为人们出行的第一选择；通过 GPS 智能调度系统实现路线规划，避免交通拥堵，提升出租车运行效率；通过电子收费系统、年度汽车限购政策等，减少出行高峰期私家车、出租车对交通秩序的影响，控制车辆整体数量，避免碳排放量快速上升。

③ 城市住房方面

在住房方面实行"居者有其屋"政策，政府通过建设公共住房，缓解城市住房压力，稳定城市就业，并建成公寓和店铺用于统一规划，保障了城市建设的系统性，同时也能避免出现房价飞涨带来的社会问题。

第6章 智慧公园：科技与景观完美融合

01 智慧公园景观设施设计理念

在智慧公园景观建设过程中，需要考虑到片区划分、电气设计、景观呈现、地形处理、文化标记等多方面的因素，因此需要在正式建设前做好充分的考察与规划。尤其是在城市更新过程中，公园承载了更多的休闲、审美与服务功能，安全高效的管控设施、别具生趣的景观小品、便捷完善的服务设施必不可少，因此需要应用智能化设计为公园景观建设赋能，打造与智慧城市发展相适应的智慧公园。

与其他城市建筑相比，公园景观建设具有一些明显的特点，比如，项目投入大，建设规模大，建设效率要求高；涉及方面广，专业性强，施工工艺复杂，经常需要多个工种的人员在同一区域内进行施工；施工涉及的主体多，变更量大，协调难度大。而且，公园景观建设多属于政府投资的公共项目，承载的功能多样，在建设过程中需着重考虑其在生态、社会、经济、文化等方面的意义以及其对城市升级的引领作用，其建设既要有一定的前沿性，同时也要注意与城市文化内涵、发展定位的匹配，因而设计和建设阶段充分发挥政府的投资建设优势、加强项目管理尤为重要。

智慧城市的发展离不开数字技术的推动，除了在产业发展、医疗服务、城市治理等方面发挥作用，数字技术对城市景观、基础城建等领域的渗透也不断加快，城市规划设计就是一个重要的应用方向。借助大数据、物联网等技术，设计师在自身专业能力的基础上能够更加高效、快速地获取大量不同的案例信息，把握城市设计的前沿风格走向，并通过平面绘图、CAD（计算机辅助设计）建模等技术辅助设计，生成概念模型，提高设计效率。在城市公园景观设计中，这些技术同样发挥了极为重要的作用。

智慧景区、智慧公园的建设是现代城市建设的重要一环，其承载着重要的城市文化展示、公共休闲娱乐乃至推动文旅融合等功能。相较于采用传统设计思路与建设手法、以景观观赏功能为建设核心、以满足市民游玩交流及日常锻炼需求为主的传统城市公园，智慧公园在设计与建设过程中更加注重服务的适切性与功能的便捷性、综合性和智能性。比如，传统公园可能更倾向于独特园林景观的打造，其基础设施一般为活动场地、长椅、公共卫生间、锻炼器材等，而智慧公园在建设过程中则更多地突出自然景观的展现，并根据现代人们的生活方式设置打卡地，在传统公园设施的基础上增加了Wi-Fi、自动体重秤、电子导览系统等。

因此，在对智慧公园进行设计的过程中，要充分注意到其与传统公园的差异，明确好各类电子设备的布局，协调好其与公园景观的关系。同时，还要在深刻领会智慧公园绿色理念的基础上进行设计方法创新，实现多种理念的融合。数字技术在这方面提供了很大的帮助，如可以利用GIS进行空间分析，建立各种设施与设备之间的关系模拟图，基于便捷与绿色环保的原则，更好地制定设施部署方案；通过建筑信息模型（BIM）实现建筑设计、施工到运营协调全过程的信息管控，同时实现建设中工程工期、现场实时情况、成本和环境影响等项目基本信息的高效沟通。

02　公园景观的智能化设计策略

当前，人工智能、物联网等数字技术和GIS、DCS（Distributed Control System，分散控制系统）、SaaS等应用技术是支撑智能化景观设计的基础。

首先，这些技术能够助力城市智慧园林的高效建设，在设计方案敲定、具体施工过程中提供需求、规划、实施、运维等方面的数据分析与决策建议，在提升建设效率的同时，有效节约建设成本；其次，这些技术在智慧公园中的运用能够实现公园的高效运营，支撑智慧公园与智慧城市的数据同步与资源共享，推动其一体化建设。

(1)智能光彩设计,全面提升城市夜间形象

借助智能化设计,成都望平街的现代化改造取得了极大成功,以独特的夜间景观形成了城市的专属记忆点,在充分展示城市特色的同时,也带动了城市夜间经济的发展。

在设计方面,该街道在改造过程中通过液晶屏和原子镜实现了光影的转化——街道中心是一块由5800块小型液晶屏构成的超大电子巨幕,支持各类视频画面的播放,在给人带来视觉冲击的同时,还具有进行广告宣传的商业功能。隧道两侧布置有通高6米多的原子镜,能够反复对空间内的人、物、光、景进行投射,大大提高了夜间景观的观赏性。

(2)仿古建筑结构与材料体系创新

公园中的建设往往承续着古典的建设风格与建筑传统,多数以古代建筑为蓝本,具有极强的文化传承与文化展示作用,因此在对其进行改造时,一方面要保留其原始面貌,充分展现其原有的布局之美、结构之美、材料之美、风格之美;另一方面,也要从实用角度考虑其功能实现、安全稳固、维护修缮等问题。

仿古建筑结构与材料体系创新的融合,一则能够沿袭古典园林建筑之美,再现其朴拙韵致;二则可以保证其现代建筑功能的实现,提升其功能性与服务能力;三则在保证美观的前提下,能够确保建筑的稳固安全,延长其使用寿命,降低维护成本。

(3)户外智能小品的应用

随着人们对现代移动智能终端依赖程度的加深,以及对生活品质追求的不断提升,更加全面、便捷、智能的服务提供成为对公园的新要求。在设计与建设过程中,智慧公园通过智能基础设施的部署对这一要求进行满足,能够极大地提升人们的游玩体验。

比如,通过设置能够自发热且支持充电的太阳能座椅,可以为人们提供更加舒适的感官服务,并解决智能设备的充电问题;通过设置自动感应开合的智能

垃圾桶，能够避免对垃圾桶的直接接触，减少异味溢出、细菌和疾病传播，从而保证公共环境的安全卫生；通过设置智能标识，为人们提供智能化的园区导引服务，这种动态交互方式可以大大满足人们的便携性需求，提升服务效率；通过设置灵璧地雕、音乐水景、书轴水帘雕塑等智能景观，能够营造轻松、和谐的环境氛围，在提升场景观赏性和趣味性的同时，还能够进行文化展示，丰富景观内涵。

（4）智能救生系统

救生系统是智慧公园的安全保障，在进行公园救生系统的建设时，要从设施分类设置和救生装置智能控制两方面考虑。

其一，在设施分类设置方面，要针对林木区域和水系区域进行分别部署。考虑到防火设施设置的安全性、经济性和可持续性，应将防火设施置于标志性建筑物、构筑物设施、人流量较大处，同时设立指示标志进行提示；针对水系区域，应注意通过警示牌、监控设施、紧急呼叫铃、救生装置等共同构建水系救生系统，将事前预防与事中救援相结合，全方位地保障游客的安全，如可以将警示标志和监控设备安装在近水区域，在码头、草滩、硬质驳岸等放置救生装置，并对其进行仿环境设计，兼顾安全保护与环境美观。

其二，应完善智能救生装置控制系统，如在设计过程中进行控制系统位置标定，并提前为其预留空间，协调城市供电接入，保证其正常运行；与运营商协商数据线路接入问题，保证使用固定 IP 进行专线接入，以实现对紧急情况的快速响应；在建设过程中，与运营商进行协调，在基础工程施工时，及时配合土建做好弱电专业的线缆穿墙及止水挡板的预埋、预留工作等，为土建施工进场提供便利。

（5）合理进行设计变更，确保设计与施工相符合

园林建设受到需求、资金、技术等各方面因素的影响，常常需要进行相关变更。在设计阶段的变更只需要对图纸及相关参数进行调整，而在采购和施工阶段

进行变更，则会涉及设备和材料的重新购买乃至已建工程拆除。因而在建设过程中应尽量避免变更后置，在方案设计阶段进行各方条件的协调，确保设计方案没有纰漏。

通过数字技术，能够在虚拟世界对设计方案所确定的建筑风格、设施关联、功能配合等项目进行建模评估，及时发现存在的问题并尽早完善方案，减少方案后期变更带来的损失。此外，还可以通过智能化监督技术采集施工信息，实现对施工的全过程监督，及时发现问题，设计师或驻场设计师通过现场指导实现问题的快速解决。

（6）美观化及特色化的设计要求

城市除了具有发展经济、提供社会活动空间的功能，还承载着历史与文化的记忆。因此，在城市更新中，应充分重视城市特色景观的保留与文化遗产的保护，将文化因素渗透到产业发展、日常社交、商务办公、城市旅游等多个应用场景之中，通过文化进一步为城市发展赋能，通过城市文化的美学构建推动其社会意义的丰富，形成城市外在的文化形象与内在的文化气质。

因此，在建设过程中要充分注意城市特色的凸显，在设计过程中要注意对场地标志性建筑和设施的保留；进行智能化改造时，要注重智能设施与场景的适配性，避免新设施对原有场景氛围和场景和谐度的破坏。此外，在对场景进行改造时，要注重其文化要素的凸显，通过灯光、地景等对其文化进行展示。

城市公园景观工程是一个城市外在形象表达，是城市物质文明和精神文明建设的直观呈现，具有经济、文化、生态等多方面的意义，承载的是"人民对美好生活的向往"。通过对生态园林景观设计管理的分析可知，设计管理统领城市公园景观工程建设的全过程，关乎城市园林的最终呈现，因此要对此项工作予以充分重视，对其进行全周期、全方位的规划部署与细节完善，打造与现代智慧城市相统一的生态城市公园景观。

03　科技景观在智慧公园中的应用

人类需求的改变及科学技术的发展，都会影响景观设计的发展趋势，而景观设计也能够对人类的生活产生一定影响，因此景观设计领域也是智慧城市建设必不可少的一部分。

计算机视觉、物联网、人工智能、VR等数字技术将推动景观设计的转型，使得智慧高科技景观成为未来的发展趋势。届时，景观设计将有助于解答社会、经济、环境等领域的问题。比如，通过利用多媒体手段，景观设计能够更好地实现互动功能，提升观众在景观设计过程中的参与感，拉近观众与艺术的距离，让人们更深刻地体会到设计的精妙之处，对景观设计艺术产生更加浓厚的兴趣。

公园是人们常去的休闲和娱乐场所，将科技景观引入人们的日常生活，可以从公园这一场景入手，运用数字化和智能化技术打造智慧公园。

（1）智慧公园建设的要点

具体来说，科技景观在公园打造中的应用策略可以从以下几个方面入手。

① 为使用者的安全着想

智慧公园的打造要为使用者的安全着想，为此需从材料入手，除了木材和金属等常规材料外，还应当尽可能多地选用安全无公害材料，比如具备轻量化、可持续性等特征的高分子材料。

② 从人体工程学的角度出发

智慧公园服务设施的设计要尽量满足各个年龄段人群的使用需要，避免有的人群在使用设施时遇到障碍。智能设备要在视觉上易于识别，同时提供一定的操作指导，保证老人与儿童也能较为轻松地使用。

③ 将被动服务模式转变为主动服务模式

基于已有的服务功能，整合运用更多与民生联系密切的资源，借助智能化和人机交互为城市居民提供多项信息化服务，使居民的各种生活需求得到满足。

④ 因地制宜，物尽其用

参照场地的植被状况和地质条件，结合可用材料以及施工等因素，做到因地制宜，物尽其用，将成本控制在一定的范围内，最大限度地实现建筑效果的提升。

⑤ 科技与自然的相得益彰

建设智慧公园时，也应重视公园的自然景观，实现科技与自然的相得益彰。比如，在选择公园内所种植的植物时，要从地理、文化、审美等层面出发进行多方考量。公园中的植物要适应当地的土壤条件，在整个公园的植物分布格局中，能够体现地方特色的植物应占据主要位置，在中心地带应放置地方特色植物中的名贵品种，另外植物的色彩搭配应当合理，以带给观赏者视觉上的享受。

（2）智慧公园包含的设施

智慧公园包含多种智能设施，借助这些智能设施，可以对公园实施更加有效的管理，向游客提供多项智慧服务，为游客带来全新的智慧科技体验。

① 智慧导览系统

智慧导览系统的组成部分有数字化导览图、智能语音提示、智慧标识等。智慧导览系统通过智慧屏幕和无线网络在公园和游客之间建立互动关系，为游客提供当前位置、路线规划、景点推荐和介绍、基础设施分布、美食娱乐等信息和服务。智慧导览系统能够为游客的游览活动增添许多便利和乐趣，让游客获得多样化的游览体验。

② 智慧照明系统

依托地理信息系统平台，采用大数据、云计算、物联网等技术，对路灯实施智能化管理，防止因照明不到位造成安全隐患，同时有效管理路灯能耗，避免能源的浪费。

③ 智慧休憩系统

在原有的休憩设施中加入智能化技术，由此座椅、廊架等可以与游客展开交流互动，比如运用 AI 语音识别技术在游客休憩时为其介绍当前所处位置的景观，为游客提供更加体贴和人性化的服务，使游客获得更好的游览体验。

④ 智慧养护系统

对公园内的绿植实施自动化养护管理，完成浇水、喷雾等养护工作，另外借助云服务器的 AI 学习算法能够提升养护工作的智能化水平。养护采用的策略是可以自定义的。

04　深圳大运智慧公园的实践与启示

深圳市大运智慧公园是一座利用既有条件和周边资源建成的智慧城市公园。公园奉行"智慧+生态"的理念，融合智慧服务、智慧景观和智慧管理建立起了智慧公园体系。公园的建设运用了人工智能、大数据、云计算、信息智能终端等技术和设备，采用数字化和智能化手段实施公园管理，为游客提供智慧服务，带给游客全新的游览体验。

（1）提供全新智慧服务

深圳大运智慧公园采用植入 AR（Augmented Reality，增强现实）交互景观设计，引入智慧互动设施和机器人，打造出一个智慧广场。与传统的公园服务相比，智慧广场能够依据具体景观设计提供相关的科普知识。此外，运用 5G 和 AI 技术，广场还能够提供健身互动功能，创造 3D 模拟场景，游客可借助摄像头参与到模拟场景中来，实现与场景的互动，进行各种各样的健身活动。

比如，深圳大运智慧公园配备有智慧跑道，可以监测跑步的距离、速度、时间等运动数据，以及心率、热量消耗等身体指标，帮助用户实时掌握运动状态和自己的身体状况。此外，智慧跑道还支持个性化定制，提供多种跑步模式供用户选择，包括减脂模式、增肌模式、耐力模式等。根据用户的个人需求和身体状况，智慧跑道可以为用户制定个性化的运动健身方案。

除以上提到的智慧服务外，深圳大运智慧公园的智能服务系统还可以对游客的需求进行深入分析，配备有多种智能设备，以为游客提供所需服务。比如，智慧座椅可以实现精准的数据监测和分析，游客可以通过智慧座椅掌握自己的健康状况，获得舒适的游览体验；公园内的 5G 智能储物柜可用于临时寄存行李，使用起来非常便捷。

（2）构建智慧管理平台

深圳大运智慧公园运用人工智能、大数据中心、物联网等技术，构建起智慧管理平台系统。基于智慧管理平台系统，人与科技之间、社会与场地之间、现在与未来之间建立起紧密的连接。

通过智慧管理平台，可对园内生态环境进行监测，针对生态环境方面存在的问题提供有效的解决方案，开展有效的生态保护工作。而且，智能化公园展示系统可用于宣传保护生态环境的重要性，让游客树立起生态保护意识，同时系统还能够为游客提供游览服务，为其游览过程增添便利。此外，针对公园场地内部的能源问题，公园选用可再生材料，运用太阳能光伏板进行清洁发电，践行环保理念，有助于保护公园生态环境。

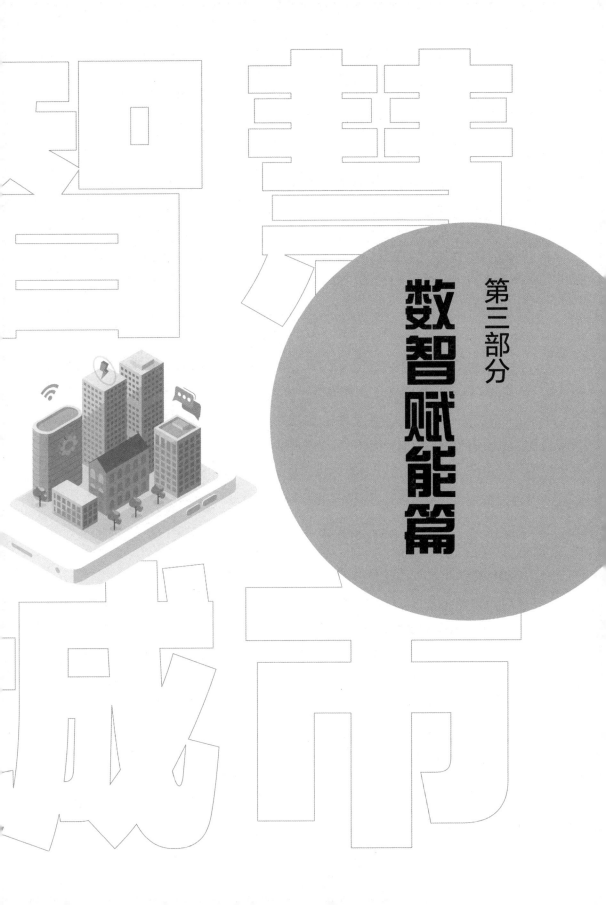

第三部分 数智赋能篇

第7章 AI大模型：开启城市治理新时代

01 AI大模型：驱动新一代智能革命浪潮

大语言模型（Large Language Model，LLM）是一种具有大规模参数和复杂计算结构的机器学习模型，主要由神经网络构建而成，其参数可达数十亿乃至数千亿个，大小可达数百GB。通过使用海量数据对大模型进行训练，能够使其具有极强的泛化能力，实现语音识别、自然语言处理、计算机视觉、推荐系统等功能。

与小模型相比，大模型在性能上有较大的突破，表达能力与准确度都大幅提升，并能够借助原始数据实现深度自主学习，最终表现出初始训练中没有涉及的行为和功能，即具有"涌现能力"，这是其与小模型的根本区别。造成这些差异的主要原因是大模型的参数较多、层数较深，且对于其的训练往往要使用成百上千个GPU（图形处理器），历经几周甚至几个月，通过大量的数据喂养为其提供发生"涌现"的条件。

（1）AI大模型的底层技术架构

AI大模型的底层技术架构如图7-1所示。

其中，以下三项关键技术需要进行特别说明。

① 基于人类反馈强化学习

基于人类反馈强化学习（Reinforcement Learning from Human Feedback，RLHF），通过人类标注者对机器的训练结果进行标注，让大模型能够获得关于自身训练过程的人类偏好反馈，训练奖励模型，对其进行归一化后用于大模型强化学习的训练，从而改进模型行为，让人工智能模型能够更好地捕获人类理解。

② 指令微调

指令微调（Instruction Tuning）通过对多任务数据集进行自然语言描述格式

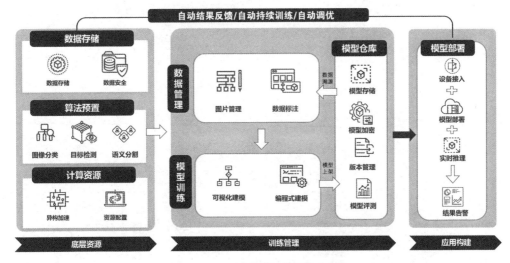

图 7-1 AI 大模型的底层技术架构

的混合微调，能够帮助大模型更好地识别人类语言指令并对其进行遵循，明确人类的指令要求并根据指令提示给出回应。

③ 模型提示

经过大规模文本数据预训练后，大模型已经具备了一定的解决通用问题的能力，然而这些能力一般是隐藏在底层，在执行特定任务时是难以显现的，因而需要设计专门的提示性语言，将其输入到大模型中，提升大模型对任务的识别能力，在必要时激发其所具有的能力进行问题的解决。

（2）AI 大模型的应用场景

图 7-2 所示为百度 AI 大底座，从图中可以看出 AI 大模型的应用场景涉及智慧能源、智能制造、智慧金融、智慧城市、智慧交通、AI 数字人等多个领域，能够满足提质增效、生产智能化、提升安全性、提升诊断科学性和提供精准化和高效化政务服务等方面的需求。相关数字技术、网络通信技术的发展，也带动了我国 AI 大模型产业走向规模化、专业化，为其在即将到来的新经济发展时代实现产业变革、赋能高质量发展奠定基础。

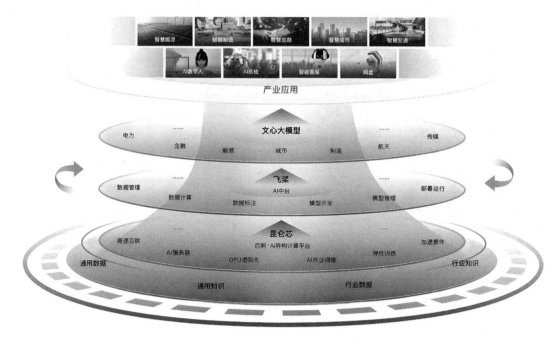

图 7-2 百度 AI 大底座

① 办公场景

近年来,随着无纸化办公的推行,越来越多的企业办公室资料以文字、语音、图像的方式进行呈现,这也为 AI 大模型提供了用武之地,与传统软件搭配使用实现高效办公、智慧办公。

基于 AI 大模型的智能办公产品将人们从烦琐、基础性、重复性的办公室工作中解放出来,通过自然语言交互对烦琐的文字、冗杂的数据进行文案生成、归类分析等处理,加工成文案、PPT、可视化图表等办公常用文件格式,从而为用户节省出大量的时间和精力进行决策、创新等建设性工作。

- 智能文档:负责帮助用户对杂乱无序的文本进行梳理,形成清晰的大纲;根据文本内容提供常用商务文体的写作模板;丰富、延伸文本内容并进行润色;提取文档内容并对其进行处理。
- 智能演示:根据用户提供的资料,结合应用需求进行相应的 PPT 制作,套用与需求相符的模板并自动生成演讲备注,支持文档一键生成幻灯片;

智能表格的对话功能能够根据公式对数据进行运算，并能够批量处理数据，通过图表等可视化形式对其进行直观呈现。

- **智能会议**：借助 AI 大模型，会议的会前策划、会议召开、会后记录等各个环节的效率与质量都将得到提升，会议的组织将更加流畅自然。在会前策划阶段，只要向大模型提供有关会议内容与主题、参会人数等关键词，就能够得到一份关于会议流程的科学紧凑、时间安排合理、在预算计划之内的会议策划方案，这些方案还能够根据会议特点灵活地通过安排分论坛、进行会议现场直播等方式实现会议效果的最优呈现；在会议召开过程中，大模型提供的同声传译技术对于准确性、实时性的达成度更高，同时支持对更多语言的同传，能够有效提升议召开过程中与会人员的信息接收效率；在会后记录方面，大模型能够根据会议内容形成条理清晰、重点突出的会议记录，便于参会人员进行会议的回顾以及相关问题的总结分析，并辅助其进行决策。

② 制造场景

"人工智能＋制造业"的模式能够实现自动化制造、智能化制造，为产品的研发设计、生产制造、供应链管理等各个环节充分赋能，推动制造业的全领域、全链条、全流程的升级革新。利用大模型 +EDA/CAE/CAD，能够有效缩短软件研发设计的周期，降低研发成本；通过使用大模型为数字孪生和机器人提供支撑，能够实现对生产过程的全环节感知与监控，及时调整设备参数，有利于实现柔性生产；借助大模型与供应链管理的融合，能够有效地制定库存策略，实现供需平衡，降低库存成本并及时识别供应链风险。

在研发设计阶段，以大模型 +EDA 为例，通过云端的计算机资源共享池，大模型能够通过建模对设计方案进行评估，同时通过计算分析寻找其存在的问题与不足，并结合已有数据资源对其进行优化。此外，其所具有的涌现能力还能从海量的数据中找出人类难以归纳出的规律并对其进行沉淀与复用，从而实现研发创新，缩短研发周期，以帮助企业节约研发成本、获得更大的竞争优势。

在生产制造阶段，通过 AIGC（人工智能生成内容）和数字孪生技术，可以在数字空间创造真实生产环境的 1:1 映射，从而实现对风险的精准判别，或者通过数字克隆的设备操作场景，提供无限接近于实景的教学环境，提升作业教学的质量，降低教学成本与风险。

在运营管理阶段，大模型与搭载智能传感器的机器人相结合，赋予其自动优化行进路径、进行物体识别的能力，能够使机器人代替人进行物料搬运、钢卷调运等工作；使用大模型技术对供应链管理系统进行升级，能够有效贯通企业管理层与生产层，使决策人员能够及时获取生产情况并做出相应的调整决策，减少信息逐级上传造成的时间浪费；通过大模型的数据分析与可视化处理技术，能够对生产过程中的物料使用情况进行监督与预测，从而制定合理的仓储策略，既保证物料的及时供应，又能够解决库存量问题，降低仓储成本。

③ 金融场景

金融行业的业务包括前台、中台和后台，借助大模型，能够分别对其业务的各个环节进行赋能，实现各项业务的提质增效。如在银行业务中，能够借助大模型支撑的智能 AI 进行业务的前台服务，通过对话机器人、虚拟助理等为客户提供定制化服务，进行对外业务拓展。同时，还能够应用在金融安全中，提供欺诈检测、风险评估等服务。此外，在信贷支持场景中也有较多应用。

具体来看，AI 大模型在金融场景的应用可以归为以下几类：

- **个性化服务方面**：大模型能够通过对海量用户数据进行分析、研判、分析用户需求，为其提供定制化的财务和产品计划。
- **电子营销方面**：大模型通过分析用户常访问的网站、相关搜索等数据，能够掌握用户的行为偏好，有针对性地生成个性化电子邮件，具体包括采用其喜欢的颜色作为主题色、在邮件中提及其感兴趣的信息等，以此来提升业务拓展的效率，进行用户转化。
- **金融欺诈检测方面**：通过引入机器学习模型分析历史交易数据，形成对正常交易和异常交易的认识，通过交易金额、交易时间、交易频率及账户历史行为等对交易行为进行判断，帮助工作人员识别欺诈行为。
- **信贷支持方面**：大模型能通过收集借贷用户的收入、消费、生产生活及信用数据等信息，科学地评估借贷人员的贷款偿还能力，帮助银行规避风险，减少损失。

④ 医疗场景

大模型的升级换代推动了医学诊疗的进步，使用 AI 大模型进行患者数据分析，能够更加精准地为病人制定与其身体健康情况相匹配的诊疗方案，从而提高对患者的诊断准确率与治愈率，在智慧影像、智慧手术、智慧健康等领域均获得了较多应用。

- 智慧影像：在 CT（计算机断层扫描）、MR（磁共振成像）、DR（数字 X 射线摄影）、US（超声波扫描术）、DSA（数字减影血管造影）、钼靶等医疗影像场景均得到了较多应用，能够有效缩短患者等待的时间、降低患者就医成本、提升患者诊疗精度。
- 智慧手术：该功能能够对病患全部信息进行分析和评估，实现术前手术风险的科学预测，术中向家属同步手术进度信息，并根据手术进度做好相应的准备工作，术后结合手术情况为患者提供康复建议。
- 智慧健康：通过手机、手环等移动电子设备实现对患者的贴身服务，监测患者的心率、血糖等健康指数，并能够为患者提供导诊服务和定制化健康贴士，根据患者的病情，引导其进行自我康复与健康习惯养成。

02 业务场景：赋能城市治理新路径

智慧城市的建设要考虑到城市管理、基层治理、社会秩序稳定、法治社会建设等各个方面，涉及的主体包括城市居民、政府工作人员、城市服务人员等。多主体又在不同的场景中产生千丝万缕的联系，呈现出"复杂程度高、涉及范围广、执行人员少、参与主体多、落实难度大"等问题。

通过引入 AI 大模型，能够有效对上述问题进行解决，借助大模型技术，能够打破各场景各主体间的信息壁垒，全面落地城市运行管理联网政策和评价要求，推进城市治理一网统管，如图7-3所示。以下对AI大模型在不同业务场景的应用进行具体分析。

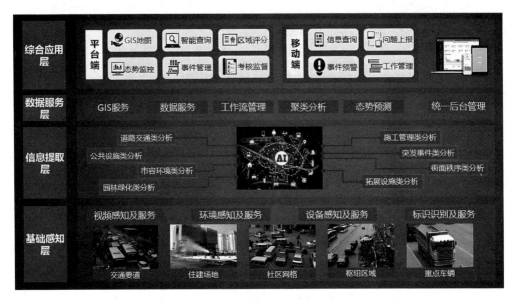

图7-3　AI大模型赋能城市治理

（1）民生诉求

听取民生诉求是政府部门直接了解群众需要、获取政策反馈、实现"有效作为"的主要方式，各地都予以了充分重视。然而，在民生诉求渠道建设的过程中出现了市民需求涉及多层面多维度且重复诉求高、诉求处理窗口服务能力有限、运营投入大、数字化建设程度低、难以对结果进行可视化等问题，需要通过AI大模型寻找有效解决方法。

以市民热线电话为例，消费者投诉、劳动纠纷、城建问题都可以通过热线电话进行反馈，需要处理的事项涉及社会的各个层面、各个部门，有时还需要与其他部门进行进一步的对接，因此对话务员的专业素养提出了较大的挑战。来电用户多，且来电市民素质、沟通能力参差不齐，存在服务等待时间长、话务员出现情绪化表现等问题，容易造成服务效率低，且影响市民满意度。而且，需要使用报告报表进行工作汇报，工作效率低、分析决策浮于表面，现实参考价值不高。

引入 AI 大模型智能服务，能够快速对各类诉求进行分类，通过云端政务数据的调取，提供相应的问题解答服务，根据政府热线中的关键信息生成问题工单，并自动将信息报送给相关部门，更高效地把握工作重点，解决群众在生活中遇到的各类问题。

与传统人工客服和机器客服相比，大模型具有较强的服务能力与工作总结能力。在与群众进行沟通的过程中，其能够更加精准地理解群众诉求，甚至能够通过群众的预期获取其情绪信息，从而在提供服务的过程中对其情绪进行安抚，为来访者提供人性化的服务，提升其满意度。同时，可以通过大模型的数据分析能力，从各个角度对民生数据进行深入分析，并结合实际提出富有建设性的意见，辅助政府进行科学决策、民主决策。

（2）城市管理

在城市管理工作中，对城市整体工作进行公正、客观、有效的评价，能够为城市管理提供参照，检验城市管理的成效，协助进行管理决策与业务升级。然而，如何制定科学、合理的评价方案，设计评价的各项指标，以实现多维评价和全面评价、通过评价获取有效的决策建议、高效推广优秀管理经验等问题，限制了综合评价工作的展开。这主要是因为城市管理涉及的事项多、主体多、范围广，且权责差异导致定制化方案难以落实；综合评价指标的主观性较强，难以依据标准量化，科学性有待提高；各地实际情况差异大，难以总结出共性经验，管理经验推广难度大。

通过引进大模型，能够结合城市建设和管理实际辅助进行城市管理综合评价。在评价方案制定上，大模型能够根据城市规模、基础设施与服务设施建设情况、城市经济发展水平及城市服务供给能力等指标制定科学、有效的评价方案；在评价指标方面，能够分别对满意度较高的方面与反馈较多的方面进行数据收集与分析，明确与城市管理关联度较高的主客观因素，实现科学评价。同时，能对各类优秀管理案例进行深度学习与分析，总结出共性经验，提供决策依据。通过应用大模型，能够让城市管理走向科学化、智能化，推动管理体制机制的革新。

（3）基层治理

基层问题琐碎复杂，存在工作开展难度大、政策落实效率低、数字化建设推进速度慢等问题，严重限制了基层工作的高效推进。

这是由多方面原因导致的。在架构上，由于基层采用垂直化架构模式，有限的人力资源需要担负起多个部门下发的基础数据采集工作，而这些数据往往又涉及多个维度、多个方面，因此任务重、人员少、效率低；在数据管理上，由于数据录入工作组织困难，缺乏统一的数据共享平台，常常出现数据重复采集、数据可信度不高等问题，造成数据利用率较低，难以进行数据内容的按需定制，而且数据分析能力差，仅依靠表格进行呈现，难以发现数据背后蕴含的内在规律与深刻联系。

OCR（光学字符识别）+AI大模型，能够有效地为基层治理赋能，运用数据分析实现对基层业务的高效处理。

- 能够实现对手写文字的精确识别，通过语义分析提取核心信息，提升信息填报的效率和精确度。
- 通过构建低代码表单，使用模型进行数据流转，实现信息的快速采集、高效存储与科学管理，不需要进行长周期的定制开发，更适合基层数据快速采集、及时更新的需要。
- 基于引导词进行低代码数据的高效分析，通过构建可视化数据大屏，对所采集的数据进行同步展示，在决策会议、信息公示等场景进行应用，能够更好地实现数据的透明化和决策的科学化。
- 使用机器人代替手工进行表单信息提取、利用低代码体系实现数据的统一收集与共享，提升工作效率，避免数据重复采集造成的资源与时间浪费。

（4）智慧停车

在停车运营中，传统方式的缺点包括人力成本较高、难以实现全天候服务、存在不规范收费等主观违规行为，通过发展智慧停车模式，能在一定程度上对这些问题进行改善，降低人力成本并提升管理效率，但仍然无法完全满足停车运营全天候服务、标准化服务的需求。

以大模型为支撑，构建智能停车对话引擎和管理引擎，能够有效提升停车运营管理效率，维持良好的停车秩序。通过数据分析功能，能够对历史停车数据进行建模，确定停车时段特征，并根据车主偏好、停留时间等信息提供个性化的停车引导方案；通过 AI 对话功能，能够实现"虚拟人"多形式交互代替传统的人工值班，严格按照相关要求进行停车收费，杜绝主观违规行为；通过打造云值班室，能够提供全天候停车服务，实现对全部车位全时间段的统筹管理，提升车位利用率，减少停车不规范对交通秩序和交通安全的负面影响。

03　AI 大模型在智慧城市建设中的落地策略

智慧城市建设的关键在于打造多元化的应用场景，实现便捷生活、智慧生活，AI 大模型在智慧城市建设中的落地策略要从场景构建、场景分类及场景落地三方面展开，如图 7-4 所示。

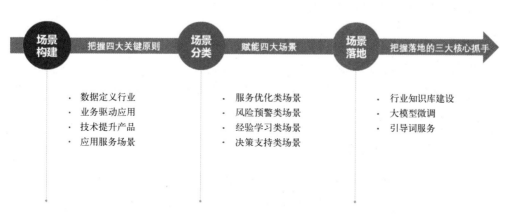

图 7-4　AI 大模型在智慧城市建设中的落地策略

（1）场景构建：把握四大关键原则

在场景构建方法论上，要充分发挥数据要素流通的变革作用，以业务服务带动产品应用,通过技术实现产品升级,通过创设应用服务场景激活用户需求。

① 数据定义行业

通过采集、存储数据以积累智慧城市行业数据要素资产,形成专业化的数据库,同时加速数据要素的流通,在提升经济效益的同时,为数据库提供"源头活水",为大模型提供更多的训练样本。

② 业务驱动应用

提升业务处理与服务能力,提高市场洞察力,及时把握市场需求,以市场需求推动新品研发与业态创新,推动智慧城市实践的纵深化发展。

③ 技术提升产品

不断进行技术创新,加快算力、算法、模型的迭代升级,提升产品的安全性,化解隐私泄露风险,为大模型的可持续应用提供支撑。

④ 应用服务场景

与政府、企业进行联合,通过从公共服务场所、大型公共消费场所开始智慧城市的改造,推动应用场景的应用推广,将智慧城市建设落到实处。

(2)场景分类:赋能四大场景

在应用场景选择上,大模型渗透到了城市服务提供、城市安全保障、城市管理创新、城市高效治理等领域,服务优化类场景、风险预警类场景、经验学习类场景及决策支持类场景是其主要应用方向。

① 服务优化类场景

通过大模型与业务流程结合,实现业务处理过程中的时间统筹与高效资源配置,促进服务的提质增效。如在工单派遣处置中优化工单创建、分派、处理、闭环等环节的处理逻辑,确立工单优先级模式;在行政执法流程中实现多项流程的同步推进等。

② 风险预警类场景

通过对城市各领域信息进行实时采集与分析,实现对城市的监测,及时识别数据中存在的异常并进行告警,实现危险的事前防范,精准定位问题数据并提供针对性解决方案。如通过舆情数据分析，辅助执法人员及时控制住谣言散播，避免非法信息传播造成的负面影响；通过燃气安全预警，及时通知专业人员进行危险排除等。

③ 经验学习类场景

通过收集智慧城市各业务领域的数据，为大模型提供训练样本，激发其涌现能力，提取数据中蕴含的知识、经验等信息，并对其进行沉淀和复用。如在城市综合评价中，通过使用大模型进行成功案例的学习，从而总结出共性规律，实现经验的推广；在执法办案中，通过对相似方案的学习，为当前难以处理的案件提供参考依据等。

④ 决策支持类场景

借助大模型对相关领域数据进行深度分析，借助低代码实现数据的快速采集，并能够根据形势变化灵活地进行调整。如在应急指挥调度中，根据实时情况灵活地完善应急方案；在城市秩序管理中，通过对环境信息的快速采集实现实时指挥等。

（3）场景落地：把握三大核心抓手

大模型的持续应用离不开技术创新的力量，结合大模型在智慧城市建设中的实际应用要求，应从行业知识库建设、大模型微调、引导词服务三方面入手，持续为大模型应用场景的构建赋能。

① 行业知识库建设

行业数据是实现服务专业化、精准化的关键，也决定着大模型的应用能否真正走向深入。大模型在行业中的应用应当充分重视对细分行业专业知识的收集，通过建立高专业化、广覆盖维度的数据库，为大模型训练提供有力的数据支撑。

② 大模型微调

根据实际需要灵活地选取大模型胚胎，参照行业业务需要对模型进行微调，细化其服务能力，增强其对行业的渗透能力。通过 SFT（监督学习）、RW（奖励模型训练）、PPO（强化学习）等方式进行大模型的强反馈学习，缩短微调周期，提升微调质量，减少训练成本投入，借助 LoRa 微调技术实现其短时间内的迅速升级换代。

③ 引导词服务

引导词的作用主要是通过语言提示激发人工智能的相关功能，引导人工智能更好地理解任务的要求和预期，并进行文本生成。基于引导词所进行的模型引导能够更好地提升大模型所生成的自然语言文本与预期要求的吻合度，有效提升使用者的信息获取效率，通过制定引导词模板，进行引导词库的维护与更新，让人工智能变得越来越"聪明"，不断地通过"涌现"带来各个领域的革新。

通过引入大模型，能够推动智慧城市的建设不断走向创新。另外，充分发挥智慧城市行业大模型的深度学习、智慧涌现等作用，能够有效地将智慧城市的概念转变为现实，打造便捷、智能、高效的智慧城市应用场景，推动城市管理的思想、方式、机制变革，开启现代化智慧城市生活。

第8章 数字孪生：实现城市管理智能化

01 数字孪生：构建新型智慧城市

近年来，信息技术迅猛发展，并逐渐应用到城市建设等多个领域中。就目前来看，在信息技术等各类先进技术的作用下，城市正逐渐向新型智慧城市的方向发展。在各类新兴信息技术中，数字孪生技术在新型智慧城市的发展过程中发挥了较强的支持作用，为城市创新发展提供了不竭动力。

数字孪生技术能够将真实物理世界中的城市精准映射到虚拟的数字城市中，并利用数字化的城市模型来实时监测和模拟分析城市的运行状态，进一步优化决策，为智慧城市建设提供支持。

（1）数字孪生的内涵

数字孪生主要涉及数据采集、模型构建、仿真分析和决策优化等多项内容，能够利用数字技术打通物理世界和虚拟世界，在虚拟世界中对物理实体的整个生命周期进行模拟。现阶段，大数据、物联网、云计算、人工智能等新兴技术的发展速度正在不断加快，应用范围不断扩大，数字孪生技术也随之进一步扩大应用范围，并在智慧城市建设中发挥重要作用。

数字孪生涉及四大关键内容，如图8-1所示。

① 数据采集

数字孪生可以与传感器等物联网监测设备协同作用，实时监测城市运

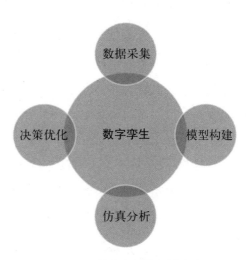

图8-1　数字孪生的关键内容

行状态，广泛采集交通流量、环境质量、能源消耗等数据信息，从而在数据层面为优化城市管理提供强有力的支持。

② 模型构建

数字孪生可以根据城市的地理空间、建筑布局、交通网络等信息构建高精度的三维数字模型，并对城市中的各种场景和城市运行情况进行模拟，以便城市管理人员全方位地把握城市运行情况，同时也可以预测城市的未来发展趋势，分析城市发展过程中存在的潜在风险，为城市稳定有序运行提供保障。

③ 仿真分析

数字孪生能够对实时数据进行分析，为城市管理人员的决策提供大量实时数据和仿真分析结果，让城市管理者可以以此为依据对管理方案进行评估，对方案实施效果进行预测，并帮助城市管理者深度把握城市运行规律，及时找出城市管理中存在的问题，协助城市管理者针对实际问题制定相应的解决方案，以便进一步提高决策的科学性、合理性和有效性。

④ 决策优化

数字孪生能够获取大量实时数据，生成许多仿真分析结果，城市管理人员可以据此进行决策，提高决策的科学性、合理性和有效性。对城市管理人员来说，数字孪生具有数据分析和模型优化等多种功能，可以充分发挥数字孪生技术的作用，在最大限度上对决策方案进行优化升级，进而达到提升管理效率和管理水平的效果。

（2）数字孪生与新型智慧城市

数字孪生城市是一个具有一定复杂性的系统，主要包含物理空间和虚拟空间两部分，且两个空间中的城市之间存在相互映射的关系，能够在物理维度和信息维度共存，并进行交互和协作，促进城市发展。数字孪生城市的出现能够有效推动城市走向数字化和虚拟化，提高城市状态信息的实时性和可视化程度，为城市管理实现智能化决策提供支持。

数字孪生城市融合了物理空间和虚拟空间，能够支持物理空间中的实体城市和虚拟空间中的数字城市进行交互，在技术层面为新型智慧城市建设和城市智能运行创新提供支持，通过虚实结合的方式促进城市发展。

从本质上来看，数字孪生城市是一个城市级的数据闭环赋能体系，可以实现多种数字化、智能化的功能，如数据全域标识、数据实时分析、状态精准感知、模型科学决策和智能精准执行等。城市管理人员可以利用这些功能来对城市进行模拟、监控、诊断、预测和控制，以便进一步简化城市规划、城市设计、城市建设、城市管理和城市服务等工作，降低各项工作的不确定性，在物质资源、智力资源、信息资源等方面为各项工作提供全方位的支持，并提高信息资源配置效率，优化资源运转状态，为智慧城市的快速发展提供动力。

数字孪生城市可以将物理空间中的实体城市映射到虚拟空间中，并充分发挥精准映射、分析洞察、虚实融合和智能干预等多种先进技术的作用，实现数字化标识、自动化感知、网络化连接、惠普化计算、智能化控制和平台化服务等功能，全方位提升城市各要素的实时性及数字化和可视化程度，推动城市运行管理走向协同化和智能化，通过物理空间中的实体城市与虚拟空间中的数字城市之间的交互和协同来促进城市发展。图 8-2 为数字孪生城市模型。

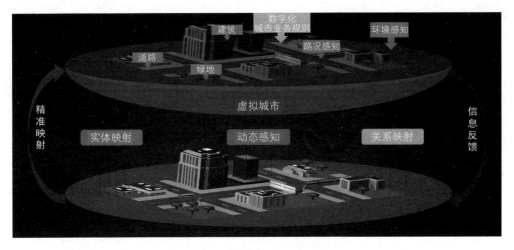

图 8-2　数字孪生城市模型

① 精准映射

数字孪生城市可以充分发挥各项先进技术的作用，如物联网（IoT）、地理信息系统（GIS）、建筑信息模型（BIM）等，对城市运行情况进行全方位分层展示，为城市管理人员全面掌握城市中的各类静态地理实体（如植被、水系、管线、建筑物、交通道路、城市部件等）和动态变化主体（如行人、车辆、终端、组织等）的实时状况提供方便。

② 分析洞察

虚拟空间中的数字城市可以同步获取物理空间中的针对实体城市所采集和整合的各项信息，如城市拥堵情况、楼宇能耗情况、城市规划的合理性、地下管线运行情况等，并对这些信息进行分析，通过数字化模拟的方式来展示实际效果，以便及时发现城市运行风险，让城市管理者可以及时采取调整信号灯配时方案、控制高耗电设施、改变选址规划等措施来降低风险，优化城市运行状态。

③ 虚实融合

在数字孪生技术的作用下，城市可以借助自身在数字空间中的映射实现进一步发展。具体来说，城市管理人员可以借助数字平台的实体搜索和区域框选统计等功能实现与物理城市的有效互动，并根据互动过程中所获得的各项相关信息来调整城市规划方案中的各项细节，如建筑物的高度、位置、形状等，以便提高居住环境的舒适度。不仅如此，城市管理人员还可以通过数字平台来获取噪声图和能源热力消耗图等信息，并在此基础上展开分析模拟计算工作，进一步优化城市居住环境。

④ 智能干预

数字孪生城市平台可以实时采集各项城市运行状态信息，以便城市管理人员及时发现并处理物理城市中出现的灾害和事故等问题。除此之外，数字孪生城市平台还融合了虚拟仿真、深度学习等多种先进技术，能够对城市中的潜在风险进行预测，以便城市管理人员提前采取相应的措施来降低风险，减少财产损失，提高城市的安全性。

02 关键技术：智慧城市基础设施

数字孪生城市融合了物联网、人工智能、三维建模和 3S 空间信息技术等多种先进技术。可以利用这些技术在虚拟空间中构建包含建筑、交通、医疗、能源等多种要素的智慧城市，并对这些要素进行监测、模拟仿真、分析和预测，让城市管理人员可以根据分析预测结果制定相应的智慧城市规划方案和智慧城市应用解决方案，进而为智慧城市建设工作提供强有力的支持。数字孪生城市构建需要的支撑技术如图 8-3 所示。

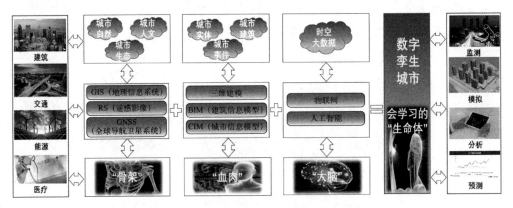

图 8-3 数字孪生城市构建需要的支撑技术

（1）3S 空间信息技术

数字孪生城市建设与城市内部信息化息息相关，而 3S 空间信息技术是城市实现信息化过程中不可或缺的一项技术。具体来说，3S 空间信息技术是遥感（Remote Sensing，RS）、GIS 和全球导航卫星系统（Global Navigation Satellite System，GNSS）的统称，数字城市可以借助 3S 空间信息技术和计算技术将各项城市信息上传到计算机中，并使用计算机对这些数据信息进行可视化呈现，借助各项相关技术通过计算机进行城市规划、城市建设和城市管理，提高城市的信息化程度，推动数字孪生城市建设。

3S 空间信息技术可用于采集和分析各类信息，如自然信息、人文信息、生态信息等，能够在技术层面上为数字孪生城市建设提供支持。在建设数字孪生城市时，我国需要充分发挥 3S 空间信息技术的作用，推动城市走向信息化。具体来说，我国可以利用 RS 技术来广泛采集各项遥感数据，利用 GNSS 来广泛采集城市实景信息和社会轨迹信息等数据信息，利用 GIS 来整合以上各项相关数据信息，并进行分析处理。

（2）三维建模技术

传统的智慧城市建设仅限于在二维平面中进行规划建设，无法达到智慧城市在智慧化建设方面的各项要求。在建设数字孪生城市的过程中，我国需要借助三维建模技术来打造三维的城市空间模型，并充分发挥三维空间在感知和可视化方面的优势，进一步优化城市建设管理。

三维 GIS 技术在智慧城市建设领域的应用，能够大幅提高城市的实景可视化程度，在技术层面为我国在虚拟空间中搭建城市三维实景提供支持。具体来说，基于 GIS 技术的三维 GIS 平台具有模型逼真、人机交互体验高效两项优势，可以借助这两项优势进一步增强真实感。

不仅如此，在三维实景建模过程中，数字孪生城市可以充分发挥激光雷达、倾斜摄影和无人机航测等先进技术的作用，广泛采集各项相关影像信息，并综合运用"影像+模型"的方式来提高城市实景信息的丰富性、精细度和可视化程度，以便城市管理人员能以更加直观的方式获取各项相关信息，以更加智能化的方式对城市进行规划管理。

（3）物联网技术

物联网可以通过网络连接起任何物品，借助全球定位系统和各类传感器设备（如射频识别设备、激光扫描设备、红外感应设备等）来获取所需信息，并在相关协议的作用下进行信息交互，从而实现识别、定位、跟踪、监控、管理等功能。其在城市管理领域的应用，可以有效感知城市信息，为各项城市建设工作提供技术和信息方面的支持。

城市运作离不开制造、电网、交通、环保、物流、市政、医疗和商业活动等各项基本要素的支持，物联网技术在城市运作中发挥着十分重要的作用，能够借助网络连接起各个系统和传感器设备，再借助系统和传感器设备来连接起物与物、人与物以及人与人，进而打造出一个连接城市中的多个要素的智能化城市信息网络。

从城市建设的角度来看，物联网具有反应速度快、智能感知能力强、优化调控能力强等优势，能够有效推动城市建设走向智慧化。对智慧城市来说，可以借助物联网来提高自身的感知能力和连接能力，利用物联网来广泛连接各项设备和各个系统，并利用与物联网相连的设备和系统来全方位地采集各项城市信息，支持各个对象通过网络进行信息交互和远程监控，进而为城市管理人员通过计算机获取城市实时信息提供方便。

（4）人工智能技术

人工智能能够模仿人的思维模式，像人一样进行思考、学习、分析和判断，其在数字孪生城市中的应用能够大幅提高城市的智能化程度。

近年来，人工智能技术快速发展，人工智能产品日渐丰富，智能计算场景的多样性也得到了进一步提高，智慧城市所产生的数据量呈现出爆发性增长的趋势，亟须通过智能计算来提高数据处理速度。由此可见，数字孪生城市建设离不开人工智能技术的支持。

在数字孪生城市中，人工智能可以利用人工智能算法和人工智能技术来为各项城市建设工作提供支持。具体来说，人工智能算法能够在建模方面发挥重要作用，构建对象仿真模型、智能仿真模型、虚拟现实仿真模型和分布交互模型等多种模型，以便利用各类模型来模拟城市的运行情况及城市在不同环境和决策下的发展情景，进而实现对城市发展情况的预测，以便城市管理人员据此进行管理和决策。人工智能技术可以利用海量实时数据进行学习，并在此基础上实现自动决策和对物理世界的反向智能控制，进而为城市的发展提供助力。

03　场景实践：城市数字孪生应用

随着我国城市化水平快速提升，大量人口涌入城市，在给城市带来人才的同时，也对城市发展产生了一系列负面影响，比如，交通拥堵、噪声污染、环境恶化、治安恶化、资源供应紧张、就业形势严峻等现实问题加剧。

城市发展的要素包括民生、经济、规划、环境与政治，城市要发展，需要切实解决目前存在的诸多问题，减少各种污染、缓解交通压力、优化配置资源已迫在眉睫，为此各地政府面临巨大的挑战。

城市数字孪生依据其技术特色，在数字空间中创建一个与现实城市对应的虚拟城市模型，达到虚拟城市与现实城市的交互映射，实现全域数据的可视、可管、可控。现实城市中的人、物、事件等全部要素，将会被精准地投射到数字世界中，其动态变化也会在数字世界中实时地表现出来；而数字世界的城市模型，实时感知现实城市的变化，实现虚实互动，优化创新，为现实城市的进一步发展指出正确的方向。

数字孪生城市在建设智慧城市的进程中是一份不可或缺的力量，它在数字世界中通过模拟城市运行的原理，结合现实城市输入的各项数据信息，合理布局城市的基础设施，加快城市经济的发展，促进城市交通的有序化运行，分析出一种极具参考力的新城市面孔，使得城市朝向数字化、智能化方向迈进。

具体来说，数字孪生城市的应用主要体现在以下几个方面。

（1）智慧城市规划

城市的迭代更新无时无刻不在进行，城区的总体规划和详细规划以及城市建设方案是引领新城区建设发展的指路明灯。在这个阶段，利用数字孪生技术将未来城市的蓝图在网络世界中呈现出来，并且能够以1∶1的比例进行复刻，以最直观的方式向社会各界人士展现城市的新样貌，便于吸引人才，更加有助于新城区的发展。

智慧城市在建模时，每一处细节都会进行细致的刻画，使组成城市的每一个因素都能全方位展示，例如，建筑内部的一根电线、一根水管，建筑外部的一砖一瓦、一草一木，城市的道路、河流、隧道、地铁等。数字孪生将智慧城市可视化，便于今后智慧城市的建设和城市的管理。

数字孪生城市能够在数字空间内将城市规划、建设和运营的全生命周期表现出来，有效地帮助城市管理者为治理城市做出可靠的规划。新城区建立伊始，诸多问题跃然纸上，比如，人口该怎样规划、建设用地该怎样规划及主城区的规划建设思路都是城市未来发展需要重点考虑的问题，数字模型融合多方面的城市数据，并结合国内经济的发展形势，可以对未来的城市发展方向做出明确的指引。

（2）智慧城市设计施工

智慧城市的设计和施工阶段，利用数字孪生技术将建筑工地在数字世界建模，实现施工程序可视化、工程管理智能化，全面降低施工难度、提升施工安全性。数字模型实时获取工程施工的各种相关数据，包括监测数据、项目工程信息及现场管理人员名单等，并将这些数据悉数展示给施工项目责任人，帮助项目责任人及时做出正确的规划，保证施工环境绿色、安全。

（3）智慧城市管理运营

城市治理是城市运营管理的主要内容，也是实现国家实现长治久安的必要手段。数字孪生以数据和技术为支撑，帮助城市进行资源能源的优化配置和智能调度，实现城市各种要素的协同发展。

城市管理者依据数字孪生体所呈现出的运行状态，能够对城市的基础设施建设、人才的再分配及城市交通的运行有一个清晰的认知。城市发展道路中，科学决策是关键，无论是洞察城市发展的态势，还是优化更新城市发展的决策，数字孪生都能给工作者提供强有力的理论依据和技术支持，从而能够实现现代城市安全有序地运行。

数字孪生下的智慧城市，打破了传统城市的运行弊端，在城市的交通、科技、文化、环境等各个领域实现智能管理，利用先进的科技给民众提供智能的服务，使城市发展呈现出新形态。以智慧交通为例，利用数字孪生交通模型，实时感知交通运行情况，通过交通仿真，降低事故和拥堵发生的概率，帮助出行者选取最优出行路线，提升交通出行体验感。

04　基于数字孪生的应急管理系统

就目前来看，我国的城市化进程正在不断加快，在城市管理和运营方面的各类问题也日渐突出。为了有效解决各项问题，我国需要充分发挥数字孪生技术的作用，将其应用到城市的应急管理等工作中，优化升级城市管理解决方案，推动智慧城市建设创新发展。

（1）城市应急管理的数字化转型

① 实时监控与模拟的创新应用

在城市应急管理方面，数字孪生技术的应用可以实时采集各项所需数据信息，并在虚拟空间中精准复刻出一个与物理空间中的实体城市完全一致的数字城市，同时将实体城市的各项关键要素（如基础设施、交通网络、公共安全等）复制到数字城市中，利用各项相关数据构建高精度的三维模型，以便城市管理人员通过城市的运行情况的实时监控来找出城市中的潜在风险，并借助模拟演练等方式来对应急响应流程进行优化升级，进而实现对风险的及时处理和防范，如图8-4所示。

以数字孪生技术在城市排水系统中的应用为例，数字孪生技术可以对城市在极端天气中的排水情况进行模拟和预测，衡量城市当前所采用的排水方式的有效性，判断城市在极端天气条件下是否会出现内涝，并根据模拟和预测的结果对排水系统进行优化，提高排水系统的排水效率。由此可见，数字孪生技术具有实时监控和模拟的作用，有助于城市管理人员提前发现风险，同时也能够有效提升城市应急管理能力。

② 灾害应对与优化的策略制定

数字孪生技术可用于应对各类灾害。具体来说，城市管理人员可以利用数字孪生技术来采集和分析各项历史灾害数据，模拟可能发生的灾害场景。利用数字孪生系统来评估各项应对策略的实际应用效果，并据此对应急策略进行优化，提高应急策略的科学性和有效性，如图8-5所示。

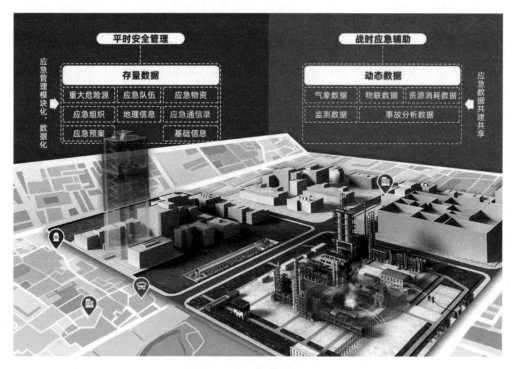

图 8-4　城市应急管理应用

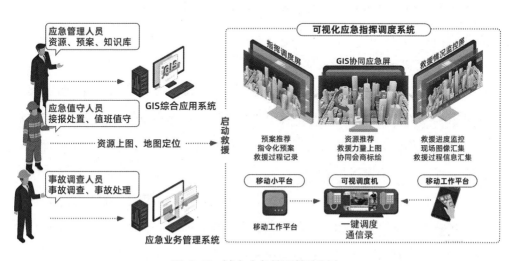

图 8-5　城市应急管理策略制定

以数字孪生技术在火灾防控中的应用为例，负责消防工作的相关工作人员可以利用数字孪生技术对火势蔓延的速度和路径进行模拟，预测火灾影响范围，并据此规划人员疏散路线，优化消防资源配置。除此之外，数字孪生技术还可以在对危化品泄漏事件的防控工作中发挥作用，当出现危化品泄漏问题时，安全人员可以利用数字孪生技术来模拟有害气体扩散路径，并据此制定人员疏散方案，及时采取相应的应急措施，规避安全风险。

（2）构建全面的应急管理体系

① 数字孪生体系的构建与信息整合

数字孪生技术可以整合各个部门的数据资源，如城市规划、城市交通、气象、消防等，并利用各项相关数据构建立体化、全面化的城市运行模型，让城市管理人员可以借助该模型来获取各项城市信息，如物理结构、人口分布情况、社会经济活动等，从而在信息层面为城市管理人员开展各项应急管理工作提供支持。

在基于数字孪生技术的应急管理体系中，城市管理人员可以利用数字孪生平台来对不同的场景进行模拟和分析，如地震场景、降雨场景等，并根据分析结果找出城市管理中存在的问题，以便提前采取相应的处理措施，优化管理策略，增强城市的抗灾能力。

② 应急仿真与决策支持的高效实现

数字孪生平台具有应急仿真管理功能，能够在虚拟环境中对交通事故、自然灾害和公共卫生事件等多种应急事件进行模拟，并在虚拟空间中对应急响应方案进行测试和优化升级，提高应急管理的互动性和可视化程度，进而为城市管理人员的进行应急管理决策提供支持。

不仅如此，数字孪生平台还具备实时定位功能，相关工作人员可以通过该平台来获取各类应急资源（如消防车、救护车、应急储备物资等）当前的位置和状态等信息，并根据各项信息和实际情况来进行资源调度和应急指挥，提高应急管理决策的高效性、精准性、科学性和有效性。

（3）多维度的城市安全监测

① 综合态势监测的全面覆盖

数字孪生系统可以整合城市安防、生产生活、自然灾害和消防事故等各类信息资源，并对城市进行实时监控，分析城市的安全态势，帮助城市管理人员全面优化综合态势监测工作，让城市管理人员能够及时发现并迅速响应各类突发事件，降低出现各类事故的可能性，缩小事故影响范围。

数字孪生交通系统可以对交通流量和车辆分布情况进行实时监控，并分析各项监控信息，根据分析结果对交通拥堵情况进行预测，以便城市交通管理人员据此灵活调控交通流量，通过调整交通信号灯的配时和发布交通引导信息等方式，来提高道路通行效率，防止出现交通拥堵等问题。

② 重点领域与设施的安全监控的精细化管理

数字孪生技术可用于安全监控工作中，实时监控建筑、共用设备、公共空间和消防单位等多个重点领域和设施，并通过监控找出其中存在的安全风险，以便相关工作人员及时采取相应的措施，有针对性地对安全事故进行预防。

数字孪生系统可以实时监测各类大型建筑物的结构，找出其中存在的安全隐患，如桥梁位移、高层建筑沉降等，以便相关安全人员及时采取相应的措施进行维护，防止出现安全问题。除此之外，数字孪生系统还可以实时监控公共空间的人员密度和环境指标等数据，保障城市公共空间安全。

与此同时，数字孪生技术还可被应用于消防监测领域中，实时监控各项消防资源，并以三维仿真的形式对实际监控情况进行呈现，让消防部门可以更加直观地获取各项消防信息，从而提高资源调配效率和应急响应速度，达到加强消防安全监管和保障消防安全的目的。

第9章 BIM：赋能绿色建筑全生命周期

01 BIM 技术：引领绿色建筑革命

绿色建筑是智慧城市必不可少的组成部分，其应符合以下要求：在全生命周期内尽可能地节约土地、水源、材料等资源；在环保方面起到积极作用；为人们创造健康、舒适的空间，供人们居住或使用；与自然建立和谐共生的关系。在推进绿色建筑发展的过程中，要秉持创新、协调、绿色、开放、共享的新发展理念，改变低效、高能耗的传统建筑模式，降低环境污染和资源消耗，创造更加宜居的生活环境，提升人民的生活质量，实现可持续发展的战略目标。

信息科技的发展使得数字技术普及到了多个领域，其中也包括建筑领域。面对"双碳"目标以及各种与碳排放有关的政策，建筑业也须积极采取相应措施，推动行业的绿色低碳发展。在这样的背景下，借助信息化和智能化技术推动绿色建筑的发展，对于建筑业来说具有重要意义。

（1）BIM 技术及其特点

2002 年，美国设计软件公司 Autodesk 提出了 BIM（Building Information Modeling，建筑信息模型）。这是一种可视化工具，可以在建筑工程的整个过程中得到应用，包括设计、施工、运营管理等各个环节。BIM 技术将建筑参数方面的信息进行整合，构建起数据化信息模型，实现信息的共享，其特点体现在以下几个方面，如图 9-1 所示。

① 信息资源的完整性

数字技术整合工程中包含了众多的物理数据，这些数据特点和功能都将在 BIM 技术体系中有一个全面的体现。在当前的发展阶段，BIM 技术体系能够做到完整细致地描述建筑工程信息，并且可以用三维仿真几何的形式将信息展现出来。

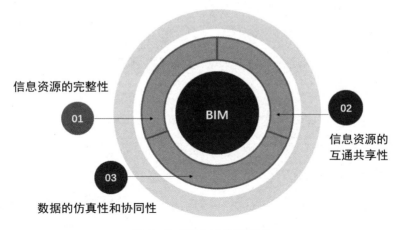

图 9-1　BIM 技术的特点

② 信息资源的互通共享性

建筑工程需要用到各个专业领域的数据，为了使施工能够更顺利地开展，需要在施工前期对这些数据进行收集、汇总，这项工作可以交给 BIM 技术来完成。BIM 根据数据指出建筑过程中可能遇到的问题，使用恰当的方式对问题进行协调，形成协调数据并传达到 BIM 平台上，实现信息资源的互通共享，使得建筑工程的各方参与者可以对建筑的全生命周期有更深入的了解，有利于开展更加高效的协作，促进资源的有效利用。

③ 数据的仿真性和协同性

如果采用传统的 CAD 进行模型设计，则需要多名设计人员的参与，要经历较长时间的协调和修改过程，并且最终形成的图纸中不包含过程数据，不能详尽地展现出组件参数及其他数据。采用 BIM 技术可以较好地克服 CAD 设计具有的局限性，并且能够对数据进行集成，通过回顾阐述设计过程，使数据具备协同性。

（2）BIM 技术与绿色智能建筑

绿色建筑与智能建筑进行结合，同时在更高的层次上运用了信息化技术和智能控制技术，由此产生了绿色智能建筑。绿色智能建筑的理念体现在其名称中，即在建筑全生命周期中奉行绿色智能的理念，使得建筑可以达到"四节一环保"的要求，其智能化水平将得到较大幅度的提高，内部的操作也将变得更加简单和便捷。从人和自然的角度来看，这样的建筑无疑将变得更为友好，由此建筑与人、自然之间将建立起更加和谐的关系。

目前，BIM 技术在我国建筑的各个领域和环节得到了推广，具体如图 9-2 所示，而在绿色智能建筑领域应用较少，主要是因为后者还处在探索和开发阶段。尽管实际的应用与结合还有待推进，但绿色智能建筑与 BIM 技术之间是存在相通之处的。在建筑全生命周期之内，前者提倡绿色、智能理念，后者提供信息分享和信息传递功能，这是两者之间相通性的具体体现。

图 9-2　BIM 应用于建筑领域的整体解决方案

可见，BIM 技术的应用对于绿色智能建筑的实施和发展有着重要的意义，应当覆盖绿色智能建筑全生命周期的各个环节，包括设计、施工、运营等，需要搭建沟通平台以提高全生命周期的沟通效率，推动绿色指标的实现，从而更好地践行绿色智能的理念。

02　设计阶段：优化建筑设计流程

BIM 技术在多个方面对建筑设计产生了积极作用，对设计过程进行了简化，在一定程度上降低了设计难度，使设计变得更加准确、规范，此外还推进了设计的创新，如图 9-3 所示。如今，BIM 技术已成为建筑设计的必备工具，推动建筑设计朝着多元化与合理化的方向发展。

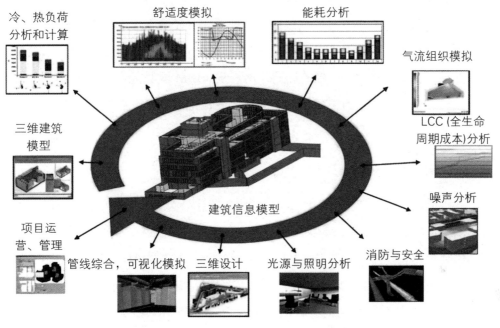

图 9-3　BIM 技术在建筑设计阶段的应用

（1）前期阶段的设计应用

建筑设计的前期阶段很关键，这一阶段工作的复杂程度比较高。在前期阶段，设计人员需要进行建筑参数的采集和施工现场的勘察，这两项工作完成后借助 BIM 技术建立虚拟模型。将模型与实际需求进行比对，找出设计方案中存在的缺陷或有待改进的地方，并对模型中的设计参数作出调整，形成更好的设计方案。在前期阶段的建筑施工中，需要充分利用 BIM 模型，保障施工的安全、规范和稳定。

（2）建筑设计动态模拟与仿真

BIM 动态模型对建筑设计进行实时跟踪，找出设计中的问题并给出解决方案。BIM 技术对建筑设计的模式和进度实施模拟，形成相应的模型，并与实际施工的模式和进度进行比较，如果两者之间存在偏差，则探究出现偏差的原因并对模型作出修正，避免对建筑施工过程造成阻碍，保证施工顺利。

另外，BIM 动态模型可通过模拟实际条件计算建筑施工过程中的工程量，在设计中制订物资消耗计划，对设计物资消耗计划与实际施工物资消耗计划进行比对，如果存在偏差则对设计中的计划作出修正。BIM 模型接收建设施工过程中的反馈信息，根据施工中的实际情况对设计实施优化，形成更合理的设计方案，使施工过程进展得更加顺利。

（3）建筑空间规划设计

在进行建筑设计时，要注重空间规划和合理性，以创造更高的建筑价值。建筑空间规划是综合性的，涉及多项因素，包括建筑的地理位置、占地面积、楼层结构等，BIM 技术可以将空间规划涉及的因素进行整合，并展现在 BIM 模型中，设计人员可以根据模型讨论结果协调多种因素，实现更加合理的空间规划设计。

BIM 能够对空间规划的设计内容进行可视化展现，便于设计人员对设计内容进行调整，对空间规划数据进行精准计算，获得准确的空间规划参数。BIM 技术很好地保证了空间规划设计的合理性和可行性，能够避免或消除对空间规划起到阻碍作用的矛盾冲突，保障建筑施工的顺利进行，这是 BIM 技术在建筑空间规划设计方面发挥的积极作用。

（4）完善建筑参数设计

建筑设计的过程中要用到许多参数，如住宅空间设计尺寸、给排水工程尺寸等。参数会对最终的施工效果产生显著影响，为了保障建筑施工的顺利进行及建筑的安全性，需要在建筑设计阶段做到采用规范的参数。

BIM技术能够参照建筑实际需求完善建筑参数设计，采用正确规范的建筑参数。另外，设计人员也可以借助BIM技术提供的信息化和智能化手段对参数进行检查和修正，实现更加合理的建筑参数设计。比如，BIM可以创建数据库以为建筑设计储存参数，库内所存参数将用于参数设计的完善，完善参数设计需要参考建筑施工过程中的反馈信息。BIM技术还将对库内参数进行定期更新，保证参数能够始终适应建筑设计需求。

此外，在建筑设计中运用BIM技术时，需要注意规范标准和实践应用。

- 规范标准：BIM技术有着一定的规范和标准，须据此进行建筑设计。
- 实践应用：BIM技术在建筑设计中的功能操作实践要遵照建筑设计的要求。

另外，要保证BIM技术的新功能适应建筑设计的需要，否则新功能可能会对建筑设计造成影响。更重要的是，要保证BIM建筑设计方案在现实中具备可行性，在建筑设计中发挥积极作用，提高建筑设计的工作效率，为建筑设计工作减负。

03 施工阶段：提升工程管理效率

伴随城市化进程的推进，我国的建筑工程项目越来越多，项目的规模也在持续扩大，在这样的条件下，建筑工程管理面临新的要求，需要完成新的任务。当建筑工程管理遇到困难时，BIM技术可以提供有效的解决方案，提高管理效率，取得更好的管理效果，为项目施工的顺利进行创造更加有利的条件。BIM技术可以应用在建筑工程管理中的多个方面，如图9-4所示。

图9-4 BIM技术在建筑工程管理中的应用

（1）质量管理

材料、设备、技术人员等诸多因素都会影响建筑工程项目的施工质量，BIM技术可用于质量管理，为施工质量提供保障。

- BIM技术可用于施工流程的整合，对施工环节进行合理安排，有效地保障施工质量。
- BIM技术可用于建立项目模型，借助模型了解项目主体结构的交叉状况，对施工技术实施更有效的管理，对隐蔽位置进行监测，避免出现施工质量问题。
- BIM技术可根据现场施工环境构建虚拟环境，开展碰撞测试。比如通过管线碰撞测试可以确定管线碰撞点，制定相应的防护措施以避免发生碰撞，或是直接改动管线的安装方式，目的都是保障管线的施工质量。

（2）成本管理

成本管理是建筑工程项目管理的重要组成部分，分为造价管理和资源管理。

① 造价管理

BIM技术可用于分析设计图纸、施工材料等，形成一份项目清单，得出清单中各项所需要花费的成本，根据成本数据进行材料、机械设备、技术人员的配置，整个建筑工程项目的成本不应超出清单数据给定的数值。

② 资源管理

BIM技术可用于建立虚拟模型，借此对资源的使用情况进行模拟，根据模拟结果得出更加合理、高效的资源管理方式，实现更有效的成本管理。此外，要充分发挥资源计算软件的作用，优化建筑工程项目中各项资源的配置方式。

（3）安全管理

安全的重要性无须赘述，因此在建筑工程项目管理中须对安全管理给予高度重视，保障工程项目的顺利进行。BIM技术可用于分析项目施工阶段会对安全产生影响的各项因素，参照分析结果规划施工现场，更高效地利用现场空间，同时通过避免交叉施工保障施工过程的安全性。

在安全管理工作中,要结合项目实际要求,借助 BIM 虚拟模型对施工现场实施有效管理,其中空间规划管理是较为重要的一个方面,模拟技术人员的现场作业情况,使用动画的形式,可以将模拟结果直观地展现出来,从而做到及时掌握现场状况,防止事故的发生。

(4)物料管理

建筑工程项目的建设施工需要依赖材料才能进行,材料的质量将影响到整个项目的质量。因此,物料管理也是建筑工程项目管理的重要组成部分,对于建筑材料的质量应给予高度重视,同时也要兼顾成本。

在物料管理中,BIM 技术可用于分析各种建筑材料的信息,将分析完成的信息整理汇总形成档案,以供在施工过程中随时查阅。材料信息同时包括质量信息和成本信息,这样可以更好地做到兼顾材料质量与成本。另外,借助 BIM 技术可以对建筑材料进行科学化管理,按照类型、属性、适用范围等对材料实施分类,根据分类确定材料的保存和管理方式,避免材料的质量和完整性受到损害,从而确保项目的建设质量不受影响。

(5)进度管理

进度管理也是建筑工程项目管理中很重要的一项,会直接影响项目的施工成本和建设质量。以往主要通过制定进度计划方案来实施进度管理,但是现实情况往往是难以预测的,在很多时候,实际施工进度和计划方案之间的不一致性是不可避免的。

针对进度管理方式作出改进,可以在进度管理中引入 BIM 技术。借助 BIM 技术制定项目进度计划,将项目各个环节的施工进度全部包括进来,并且与 WBS(工作分解结构)形成配合,对项目管理的工作内容实施精细化处理。将施工过程分为多个阶段,在每个阶段确立相应的进度管理目标,实现对施工进度的有效管控。

04 运维阶段：智能化监测与控制

将 BIM 技术用于建筑工程项目的运维管理，可以延长项目使用年限，提高企业的经济效益。随着时间的推移，建筑工程项目运维管理包含了比以往更多的内容，包括建筑性能监测与优化、建筑运营与控制、设备维护与管理等。

（1）建筑性能监测与优化

BIM 是一个集中数据库，其中存有各种与建筑有关的信息，涉及组件、设备、系统等方面。通过 BIM 模型建立的数据库，运营人员可以很便捷地获取关于建筑的各项信息，包括建筑的类型、状态、位置等，有助于对建筑设备和系统实施有效管理。BIM 和实时数据可用于构建数字孪生模型，借助模型可以对建筑进行监测，并对建筑性能实施管理。比对 BIM 模型和实时数据，可以监测和评估建筑的各项指标，比如与环保有关的指标，包括能源消耗情况、室内环境质量等。数字孪生模型能够以可视化的手段向运营人员报告监测结果，使其得以掌握建筑性能发生的变化以及存在的问题，并根据实际情况作出调整。

BIM 和实时数据可用于分析建筑能效，根据能源消耗的分析结果确定哪些设备能耗较为严重、能源利用效率不高，通过调整设备运行参数、优化设备照明系统等方式，解决设备在能源消耗方面存在的问题。此外，借助 BIM 和实时数据还能检测能效改进所产生的实际效果。

（2）建筑运营与控制

建筑运营与控制需要 BIM 与建筑自动化系统进行集成，两者之间建立连接后可以智能控制包括空调、照明设备、供暖设备、通风设备等在内的多种设备。

将 BIM 模型中的建筑信息与能耗、温度、湿度、空气质量等多项建筑参数信息相比对，根据实际情况调整设备，可以有效地管理建筑的能源和环境状况。举例来说，如果一片区域内没有人员活动，那么出于节省能源的考虑，将自动关闭该区域内的空调和照明设备；再如，当环境温度过高或过低时，可自动对供暖设备进行相应的调整。

（3）设备维护与管理

BIM 模型中包含设备的各项信息，涉及设备的属性、状态、位置等方面，具体来说有型号、制造商、安装日期等，形成了关于设备信息的集中数据库。运营人员可以借助 BIM 模型建立的集中数据库便捷地获取设备信息，对设备进行更有针对性和更加高效的维护保养。此外，通过 BIM 模型还可以提前掌握设备维护需求，制订相应的维护计划，维护计划包括维护时间、维护执行人员、具体维护内容等方面的信息，依照计划开展设备的维护工作。

另外，BIM 可以针对设备维护工作给出建议和指导，将正确的维护方法和维护程序传授给运营人员。采用正确的方法进行设备维护，能延长设备的使用寿命，降低故障发生的概率，提高能源利用效率，有助于设备保持良好的性能和可靠性。

05 拆除阶段：实现资源回收利用

在城市建设的过程中，会有部分建筑需要进行拆除，BIM 技术可以在建筑拆除阶段发挥重要作用。借助 BIM 模型，拆除团队确定拆除的顺序及所采用的工艺，并针对拆除工作可能造成的风险和问题进行预测，拟定相应的应对方案。另外，建筑的拆除将产生废弃物，可以运用 BIM 模型对废弃物进行分类和管理，实现资源的回收利用。

运用 BIM 技术，负责拆除的团队能够进行便捷的资源共享，强化协同效应，做出更加合理的决策，更加高效地开展工作和利用资源，有效地规避工作过程中的风险。

（1）拆除过程规划

运用 BIM 技术，可以对拆除过程进行模拟，用可视化的手段表现出来。拆除团队参考模拟结果，能够明确各个建筑元素之间有着怎样的联系，从而确定最合理的拆除顺序，选择最科学的拆除方法，将拆除对周围结构产生的影响降到最低。

拆除过程中可能会发生碰撞，产生一定的力学效应。BIM模型可以对此进行模拟，识别拆除过程中可能存在的安全风险，采取必要的预防措施避免风险发生，保障施工安全，让施工过程变得更加高效。拆除过程要用到人力、材料和设备，这些要素也可以标记和记录在BIM模型中，团队参照模型估算拆除过程总共要消耗多少资源，相应地需要多少成本，据此形成采购计划，提高资源的利用效率，尽量避免出现资源浪费的情况。

（2）可再利用材料和设备的识别

材料的多项信息，包括属性、状态、位置、来源、数量、质量等，都可以在BIM模型中进行标记和记录。团队根据模型记录的材料信息识别可回收和再利用的材料，主要是结构构件、装饰材料、设备、系统等，这样可以更高效地利用资源，在一定程度上减少资源的浪费。

（3）建筑信息记录和传承

未来的建筑项目可以从BIM处获得建筑信息。之前已完成的建筑项目会留下BIM模型和历史数据，可以在此基础上对项目的性能实施评估分析，分析的对象包括建筑的结构、能源消耗，以及室内环境质量等，根据评估结果发现潜在问题，并给出相应的改进建议。参照对先前项目的评估分析结果，可以为新项目制定更好的设计方案，使新建筑拥有更加出色的性能。

BIM技术可用于三维建模和可视化交底，有助于现场管理人员更好地掌握工程设计方案，使其能够更好地了解工程各部位之间存在的相对位置关系。在重要节点和复杂结构处，要进行严格的碰撞检查并制定应对方案，尽量避免材料浪费和后期返工。

另外，BIM技术能够模拟季节和气候等外部环境对工程产生的影响，形成相应的数据,后续进行的运维工作可以此为参照。在施工过程中运用 BIM 模型,对现场进度计划作出适当的调整,可以更加合理地分配场地资源,实现施工效率最大化。

综上,BIM 技术可用于绿色建筑的全生命周期,包括设计阶段、施工阶段、运营维护阶段、拆除阶段,提高工作效率和资源利用效率,降低成本和风险,践行绿色发展理念。在未来,BIM 技术还将得到进一步的发展,其普及范围将持续扩展,会对建筑工程的可持续发展产生更大的积极影响。

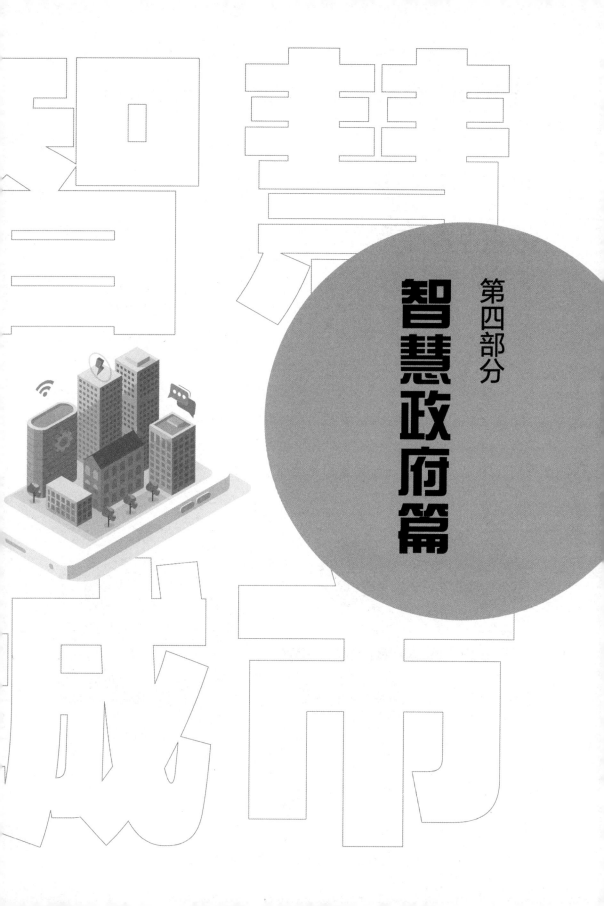

第四部分 智慧政府篇

第10章 智慧政务：AI重塑政务服务流程

01 智能受理：业务受理的自动化

政务服务指的是党政机关、事业单位及相关部门按照《中华人民共和国行政许可法》和相关法律法规，为企事业单位、社会团体及个人提供政务服务，实现政务服务价值输出的管理过程。随着时代的不断发展，互联网、大数据、人工智能等新一代信息技术在政务服务领域渗透应用，政府治理现代化转型势在必行。为此，我国政府部门要积极引入先进技术，创新政府服务，提高数字治理能力，创造一个良好的营商环境，提高人民群众的满意度。

尤其是随着机器学习、深度学习及强化学习等技术的快速发展，人工智能技术与产品快速成熟，政府部门积极引入人工智能等技术与产品对政务服务进行改造，促使人工智能融入政务服务的各个环节，打造智慧政务新形态，满足新时代的发展要求。政务服务的演化历程如图10-1所示。

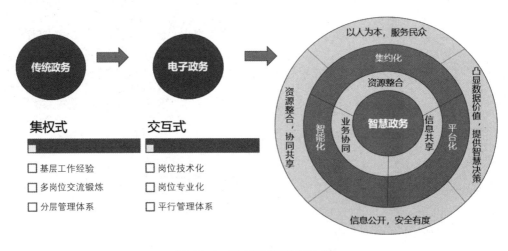

图10-1 政务服务的演化历程

随着认知自动化、认知预测和认知参与等人工智能技术在申请、受理、审批、监督等环节实现广泛应用，政务服务的智能化水平将得以大幅提升，具体表现在受理、审批、监督、营销四个环节。

下面我们首先简单分析 AI 在政务服务受理环节的应用场景。

政务服务受理指的是政府部门对公众申请政务服务的身份、材料等进行审查，确定是否为其提供服务。目前，政府服务受理通常是开设政务服务窗口，工作人员当面接收公众提交的申请身份与材料，对材料进行审查，完成受理工作。借助人工智能技术，身份核验、材料判读、业务受理等都可以实现智能化、自动化。

（1）身份核验智能化

政府部门受理政务服务申请时，首先要核查申请人的证件信息是否真实，证件信息与本人信息是否相符，以确保政务服务的合法性，切实保障公众权益。人脸识别、视网膜识别、虹膜识别和图像识别等技术可以用于证件核验，大数据分析与深度学习等技术也可以将证件信息与电子证照库中的信息进行比对，自动完成身份验证。随着人脸识别等技术不断成熟，智能身份核验的准确率已经超过了人工核验，在金融、安检、考勤等领域有了广泛应用。

腾讯公司利用语音识别、图像识别和深度学习等技术开发的"腾讯慧眼"，功能十分强大，支持人脸比对、活体检测和证件OCR（Optical Character Recognition，光学字符识别），能够为在线政务身份核验提供有效的解决方案，被山西工商、重庆税务等政务服务机构采用。

（2）材料判读智能化

在传统模式下，政府部门对申请材料进行审查采用的是人工审查模式，这种方式不仅耗时长、成本高，而且效率极低。图像识别技术应用于材料判读，可以极大地提高判读效率，节省判读成本。

IBM 研发的 Watson 可以在 15 秒内处理 4000 万份文件；以色列 LawGeex 公司开发的 AI 合同审查平台可以将合同审查时间缩短 80%，将审查成本降低 90%。

政务服务标准化是"互联网+政务服务"改革的基础性工作，其目的是对行政许可、公共服务等事项进行梳理，对办事依据、办事条件和审查要件等信息进行规范，创建政务服务标准化知识库，利用机器学习、自然语言处理、文本分析等技术对知识库进行学习，对申请材料进行自动判读。

（3）全天候在线受理

人工受理政府服务申请会受到工作时间与工作地点的限制，再加上人工受理的效率比较低，经常出现申请人等待时间过长、工作积压等问题。为了解决这些问题，一些地方政府在政府网站、政务服务网开通了在线服务。受技术限制，这种在线服务只能为公众提供在线咨询与在线申请等服务，无法实时响应公众需求，也无法实时受理公众提交的业务申请。

基于知识图谱、专家系统构建的智能机器人，则可以全天候、一对多地在线接收政务服务需求，并对相关材料进行审查、分析，切实打破政务服务的时空限制，延长政务服务的时间，提高材料审查效率，减少申请人的等待时间。

02　智能审批：提高审批服务效率

政务服务审批是政府部门对公众提交的政务服务申请材料进行审查，并做出许可决定的过程。人工智能应用于审批的一个重要功能就是认知预测。人工智能可以基于强大的计算信息处理能力与丰富的分析方法，拓展人类认知，以便更好地解决复杂问题。在政务服务审批过程中，政府部门要根据政务服务的复杂程度，有选择地引入人工智能技术，实现机器自主审批或辅助审批。

（1）机器自主审批

政务服务事项是根据《中华人民共和国行政许可法》和相关法律法规设

立的，申请条件与审批标准都十分明确。但相关的法律制度不健全、行政环境变化比较大、公共事务比较复杂等，导致政务服务审批出现行政许可自由裁量空间。

根据内容与结构的复杂程度，政务服务事项可以划分为结构化政务服务事项和非结构化政务服务事项。前者遵循的规则比较简单，具有结构重复性、有限可能结果等特征；后者则比较复杂，具有很大的不确定性。目前，我国关于结构化政务服务事项的政务服务流程已经实现了高度自动化、智能化，机器人可以自主获取知识并进行决策。

以广州打造的"人工智能＋机器人"全程电子化商事登记系统为例，该系统支持申请人填报信息、数字签名，可以智能审核申请人提交的材料，支持申请人自助领取营业执照。按照业务事项的标准化程度，审批可以分为智能审批与人工审批两大类型。标准化政务服务事项从申报到领取全部由机器人完成，整个过程耗时不超过10分钟。

（2）辅助审批

非结构化政务服务事项的审批需要将人工智能审批与人类经验审批相结合。人工智能审批需要借助强大的计算信息处理能力与多元化的分析方法，通过机器学习增强分析和预测能力，为拓展人类认知提供强有力的支持；以人类经验为依托的审批可以借助人工智能处理具有不确定性、模糊性的政务服务，这种审批方式不仅可以提高人类的决策能力，而且可以积累海量案例。这些案例为机器学习提供了海量可以学习的数据，可以大幅提升机器辅助审批的能力。

03 智能监督：增强监督治理效能

政府服务监督面向的是政务服务许可行为、公众实施许可事项活动、政务服务人员态度，可以采取的方式有三种，分别是行政层级监督、现场检查监督和事后投诉监督。人工智能在监督环节的应用，可以改变传统的人工监督模式，推动政务服务监督向机器监督、循数监督和全时监督的方向发展，如图 10-2 所示。

图 10-2　政务服务监督的发展方向

（1）机器监督

政务服务许可行为监督要按照《中华人民共和国行政许可法》的相关要求进行，遵循科层制管理原则，由上级对下级进行监督。这种层级监督是行政审批权自我防控的重要措施，但在具体实践过程中却经常出现监督乏力、监督缺位等问题。

人工智能的引入和应用大大提升了监督效率，例如借助图像识别技术、机器学习等技术可以快速处理海量事件，并从中找到不符合规范的政务服务许可行为。这一方面增强上级对下级的监督能力，促使下级政务审批机关的行为更加规范；另一方面还可以提高行政审批权的自我监督。

（2）循数监督

政务服务审批机关通过对反映被许可人从事政务服务事项的活动材料进行审查，判断公众实施的许可活动是否违法。这种监督方式的实施效率比较低、效果比较差，而且成本比较高。因为政务服务审批机关掌握的信息与被许可人掌握的信息不一致，使得被许可人可以隐瞒真实信息，提供虚假信息，通过伪造证明材料或者其他手段骗取社会保险，从事其他违背许可的活动。

以人工智能技术为依托，政务服务审批可以打造一个智能化的监督系统，对与政务服务事项相关的数据进行分析，对公众实施的许可活动进行循数监督。比如，国土监察部门可以利用深度学习算法，结合高分辨率卫星图像，对城市土地资源的开发和利用情况进行监督。

（3）全时监督

全时监督的对象主要是政务服务人员，主体是政务服务的主管机关。具体来讲，就是政务服务的主管机关派驻监察人员对政务服务人员的服务态度进行监督，判断其服务态度是否符合规范。通常情况下，这种监督主要是通过公众投诉与举报完成的，属于事后监督。进入人工智能时代，政务大厅的视频监控设备几乎实现了全覆盖，为全时监督提供了丰富的材料与强有力的依据。

美国人工智能初创公司 Emotient 研发的人类情感分析系统可以利用摄像头捕捉人的面部肌肉运动，然后利用人工智能计算模型对人的面部表情进行分析，对人的真实意愿与想法进行洞察。该系统及其依托的视频识别技术可以用于全时监督，捕捉政务服务人员的表情和动作，对表情和动作背后的含义进行分析，并利用机器学习与自然语言理解技术获知政务服务人员的情绪，在察觉到政务服务人员态度异常时及时发出预警。

04　智能推送：高效响应公众需求

政务服务申请指的是公众为获得政务服务，主动向政府部门发送政务服务申请，启动政务服务流程。在传统模式下，政府是被动接受申请，按照申请内容向公众提供政务服务。随着人工智能技术的介入，政府可以变被动为主动，精准地向公众推送有温度的政务服务。

（1）主动推送

在传统的政务服务模式中，政府都是被动响应。在引入人工智能、大数据等技术之后，政府可以主动收集公众在政府网站、政务服务网上的行为，包括浏览、搜索、查询等，然后利用自然语言分析技术与机器学习技术对公众需求进行分析，将其与政府服务专家知识库进行对比，发现公众的政务服务需求，主动向公众推送政务服务，创建一个服务型政府。

（2）精准推送

精准推送指的是政府部门利用人工智能技术对过去积累的公众政务服务需求进行分析，绘制精准的用户画像，利用大数据技术创建政务服务生命周期模型，对公众需求进行预测，有针对性地向公众推送政务服务。

面对的主体不同，政务服务生命周期的计算方式也不同。如果面对的是企业，那么政务服务生命周期指的就是企业从登记注册、投资建设、生产经营到申请破产的全过程；如果面向的是公众，那么政务服务生命周期指的就是公众个人从出生、成长到死亡的全过程。

政府部门可以按照政务服务生命周期对政府服务事项进行梳理，形成一个系统、完整的政务服务链条，然后按照政务服务链条对政务服务事项申办的法律依据、条件、标准与材料等进行梳理，形成政务服务知识库。政府部门可以以政务服务知识库为依托，利用虚拟助手或机器人为公众提供咨询、预警等服务，向预见性政府转型。

（3）温度推送

政务服务供给要对政府供给能力与公众需求进行综合考虑。政府部门可以利用大数据技术，通过政府门户网、政务服务网和社会网站政民互动平台收集公众活动数据，包括公众发表的文字、语音、图片、表情、视频等。这类数据规模庞大，人工处理耗时极长，利用自然语言分析技术可以对这些数据进行高效处理，了解公众对政府的态度与情感，根据公众建议对政务服务进行调整，满足公众需求，创建一个有温度的政府。

想要实现政府治理现代化，必须积极推进政务服务改革，改善企业的营商环境，满足公众对政务服务的需求。进入人工智能时代，快速发展的人工智能技术成为政府治理的新工具，利用人工智能增强政务服务，提高政务服务的智能化水平，推动互联网、人工智能等技术与政务服务深度融合，成为政务服务改革的新方向。一方面，人工智能为政务服务改革提供了强有力的工具，创造了一系列政务服务的新形态；另一方面，政务服务为人工智能技术与产品的应用提供了广阔的空间，人工智能可以通过在政务申请、政务受理、政务审批、政务监督等环节的应用，对政务服务进行重组。

总而言之，在人工智能技术的支持下，政务服务效率可以大幅提升，公众与政务服务机构在互动过程中产生的参与、回应、监督和平等的民主政治价值也将得到充分体现。在依托互联网的政务服务改革中，人工智能技术的应用可以促使政务服务形成自学习、自适应和自服务的新型服务形态，这也成为改革的重要方向。

第11章 政务上链：区块链赋能智慧政府

01 区块链技术赋能政务信息化

区块链是一项融合了密码学、共识机制、点对点传输、分布式存储等技术的新兴技术，具有去中心化、不可篡改、安全可信等特点，可以确保数据存储的安全性和可靠性。区块链技术的优势，使得其在医疗、金融等领域得到了广泛应用。在政务服务领域，区块链技术有助于实现政务数据的开放、共享，能够有力推动"数字政府"的建设。

当前，区块链技术迎来了广阔的发展前景，备受世界各国关注。我国政府抓住机遇，制定相应政策推动区块链技术研究与产业发展，并将区块链技术融入政务工作中。2019年10月24日，中共中央政治局第十八次集体学习活动中提出，"要探索利用区块链数据共享模式，实现政务数据跨部门、跨区域共同维护和利用，促进业务协同办理，深化'最多跑一次'改革，为人民群众带来更好的政务服务体验"。这为区块链政务的深入发展提供了政策依据，推动了区块链技术与政务工作的融合，有助于实现政务工作全方面、多维度的智慧化升级。

（1）连接并融合政务数据孤岛，深化"最多跑一次"改革

区块链上的各个参与者分别拥有自己的庞大数据库，借助点对点的分布式记账技术、非对称加密算法、共识机制、智能合约等多种技术，编织起互联互通的数据网，建立强大的信任网络。利用区块链技术赋能政务工作，能够促进政务数据共享，如图11-1所示，推进区块链各方业务协同，从根源上推动政务信息化改革。

实践中，各政府部门在数据共享过程中，通过区块链技术打造自身的节点，可以实现数据确权、个性化安全加密及控制信息计算等工作。一方面，区块链具备去中心化的特点，能够授权原有部门进行数据共享，打造各部门间的业务协同

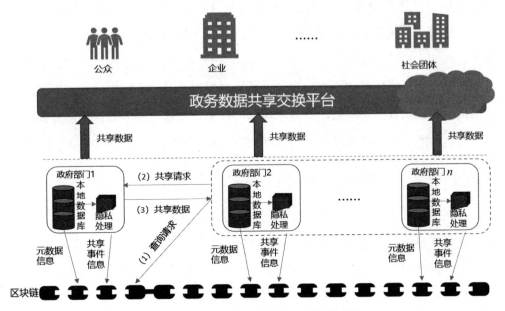

图 11-1 区块链技术促进政务数据共享

链条;另一方面,当参与各方互不信任,但需要彼此的数据时,可以借助多方安全计算技术来实现,这项技术不需要各政府部门对外提供原始数据,可以有效保护各方的隐私安全。

不同部门、不同地区、不同阶层的海量政务数据是政务工作的基础,将区块链技术与多方安全计算技术相结合,能够有效实现数据维护和利用,提升业务办理效率,深化"最多跑一次"改革,实现政务一站式服务,推动政务服务流程优化,提升政府部门的服务水平。

(2)追溯数据流通过程,明晰数据权责

区块链技术能够在各部门间创建共识机制,夯实信任基础,这不仅能确保各部门间的数据隐私安全,而且能有效实现各部门数据的授权共享与业务协同,从而深度推进政务工作信息化改革。

同时,数据流通过程中的可信追溯也可以通过区块链技术实现,从而有效界定并保障政务数据的归属权、管理权和使用权。借助区块链技术与公私钥体系,政务数据一旦产生便可实时确定其归属权和管理权，这保障了政务数据的安全性，并能够在后续的使用过程中明晰其使用权，为数据共享与业务协同提供权限支持。

此外，区块链还能够全面捕捉政务数据在授权共享与业务协同过程中的流转与使用情况，结合其不可篡改与追本溯源的优势，能够为追查破获数据泄露事故提供强有力的证据，持续增强政务数据共享授权机制的可监管性与可追溯性。

（3）全生命周期管理，增强城市治理能力

区块链技术通过点对点的分布式记账技术、时间戳技术及哈希指针，可以赋予上链的数据无法篡改与可追本溯源的特征。

在城市治理的应用场景中，区块链结合物联网技术，能够在城市数据的授权共享与业务协同过程中充分发挥优势，实时留存数据使用情况，同时弥补数据监管不到位的缺陷，构建城市数据全面覆盖的监管机制，为后续解决各类数据问题提供保障，提高城市监管效率，提升政府公信力。比如将区块链技术应用于政府重大投资项目的建设中，可以保证链上全流程数据的可靠性与可溯源性，实现项目的有效监管和约束。

此外，政府通过打造良性区块链生态，能够推动各部门协同发展，并将企业与相关监管机构等纳入其中，依托区块链的生态优势实现数据全面监管，推动数据科学决策，打造商业运行的优化闭环。以税务方面为例，可以将税务机关、纳税人、开票企业及报销企业纳入区块链网络，实现税务数据的可追溯，在简化报销流程的同时，能有效防止偷税漏税问题的出现，推动税务局与相关监管机构高效协同，保证国家财政的安全。

（4）构建分类共享体系，助力政务信息化建设

近几年，全球数字化进程逐渐加快，以政务数据为支撑，推动国家治理现代化刻不容缓。根据《政务信息资源共享管理暂行办法》，政务数据分为无条件共享、有条件共享、不予共享等三种类型，唯有深度理解数据隐私与安全共享，才能有效实现政务信息化。

2021年12月，国家发展改革委印发的《"十四五"推进国家政务信息化规划》中强调，"深度开发利用政务大数据""发展壮大融合创新大平台""统筹建设协同治理大系统"是现阶段的主要任务，也是推动智慧政府建设的重要步骤。

推动政务信息化建设，需要完善的政务数据信息资源目录体系及政务数据分类共享体系的支撑，区块链技术结合公私钥保密体系与智能合约技术，能够为不同共享类型的数据赋予权限和职能，保障数据安全，规范数据共享与协同流程，提升政务信息系统运行的安全与可靠程度，从而加快政务信息化建设的进程。

02 区块链在数字政府中的应用

基于区块链技术的数字政府，能够实现数据的不可篡改、可溯源、安全可信以及分布式存储、保护隐私等需求，在优化政务服务流程、促进政务数据共享、降低数字政府运营成本、提升政务协同工作效率等方面将发挥重要作用，推动"互联网+政务服务"由"信息服务"转型升级为"价值服务"和"信任服务"，有效赋能国家治理体系和治理能力现代化建设。区块链在数字政府中的应用如图11-2所示。

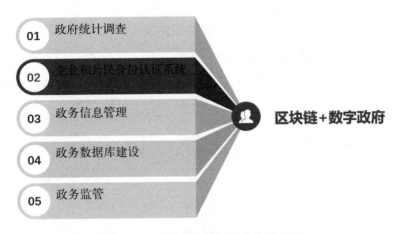

图11-2 区块链在数字政府中的应用

（1）政府统计调查

可信、可追溯的调查统计数据是洞悉经济社会发展规律的"晴雨表"，是为政府决策提供依据的"参谋长"，以及公众与政府、社会互动的"信息窗"，关系到政府宏观调控与决策的科学性和合理性。区块链是统计调查数据的"安全岛"，一旦上链，极难篡改。通过掌控"链上"和"链下"数据交换记录，可以对经济社会相关数据进行真实有效的调查统计，从而对经济社会发展进行全方位、多层次的实时监测、预警和预测分析。

（2）企业和公民身份认证系统

区块链技术的应用，使得未获得授权的用户无法修改其中的信息记录。因此，相关的原始信息具有不可变更性，从而极大地保护了企业和公民的信息安全。同时，区块链技术能够确保数据一经确立则不可更改、删除，保证了司法举证的有效性、身份信息的唯一性和合同的不可篡改性。

此外，各个参与方可以通过区块链直接验证存储在数字政府系统中的个人和企业信息，无须通过第三方信任机构，这也将显著提高政务工作效率。

（3）政务信息管理

在数字政府中应用区块链技术，能够保证政务信息的公开和透明，促进政务数据开放共享。区块链技术的开放源代码机制，可以对区块链中各个节点和区块中的信息进行查询，极大地促进政务工作公开、透明，完善政务监督机制。同时，应用区块链技术将有效改进政府资产的登记和交易流程，如在供应链金融和数字票据等场景的应用。

例如，在土地登记和交易方面，使用者可以直接查询记录在区块链上的土地位置、大小、权属、交易记录等信息，促进土地交易信息开放、共享；采用区块链技术的数字票据交易平台，其链上直接清算方案能实现数字票据全生命周期的登记流转交易和票款兑付结算功能。

（4）政务数据库建设

在政务数据库建设中采用区块链技术，构建分布式数据库或去中心化数据库，将大大减少交易环节，降低交易成本，缓解政务服务参与者之间的信息不对称问题，提高分工协作的效率。

建立联盟机制的政务区块链，采用授权节点信任机制，由授权节点掌控整个联盟链的身份信息，保证写入区块链的信息真实有效，同时在写入区块链信息的环节，也可以引入第三方鉴定机构来验证信息是否真实准确。另外，利用联盟链技术，还可以构建跨境贸易区块链平台和资产信息披露平台。

（5）政务监管

区块链的可追溯性优势对于监管模式创新、提升政府公信力均具有重要意义。在数字政府的监管平台中应用区块链技术，将被监管对象的所有信息都记录在案，这能够准确、高效地监测和追溯被监管对象的实时状况。被监管对象一旦出现问题，监管平台可以利用区块链技术进行问题溯源，从而极大地提高了监管的有效性和监管效率，降低了监管成本。

比如，在数字政府的食品安全平台中，可以将食品的生产、运输和销售等每个环节的信息都记录到区块链中，消费者可以随时进行查询，验证食品质量问题并进行问题追溯，这能够极大地提高问题食品的溯源效率，提升居民生活质量。

03　政务区块链应用的落地难点

区块链技术具有可追溯、不可篡改和时间戳等特征，可以将数据确权、数据"上链"记录、数据交换记录等信息向各个参与方实时广播，并实时存储在分布式区块中，由所有参与方共享、共治和共同维护，在数字政府中具有广阔的应用前景。但作为一种新兴技术，区块链与政务服务的融合必然存在一些难点和挑战，政务区块链应用的落地难点如图11-3所示。

图 11-3 政务区块链应用的落地难点

（1）标准规范未统一，相关制度待完善

我国的政务信息化改革已经经历了较长的探索期，但由于前期技术受限、经验不足，政务信息化系统的顶层设计存在缺陷，无法有效协同各方的工作，各部门容易出现意见分歧、各自为政的情况，不利于系统化推进政务数据授权共享、业务协同等方面的工作。在现阶段的区块链政务应用工作中，亟须出台相关政策，建立健全统一的数据标准和接口标准，以全面创新推进政务信息化改革。

经过对区块链技术多年的摸索研究，部分地区政府已逐步完成"区块链+电子政务"模式改造，表面上看政务信息化离成功又近了一步，但深究来看，政府部门都是通过单独对接区块链系统开发商的模式来推进的，而各政府部门之间、各区块链系统开发商之间、开发商的底层架构与数据结构之间却未能基于统一的标准，这阻碍了各区块链政务信息化系统的协同融合，使得原有"数据孤岛"与"新数据孤岛"并存，导致不同地域政务数据的协同共享工作难以实现，从而无法形成政务大融合的格局。

我国现阶段关于政务数据方面的规范性法律法规仍非常欠缺，致使政务工作中难以规范化地推进政务数据授权、共享等事项，成为阻碍政务信息化改革的一座大山。虽然近几年许多地方政府对相关政务数据共享开放作出了规定，并进行了相关探索，但从国家层面看，仍然缺乏强有力的法律及制度保障，不利于政务数据协同共享的深入应用。

（2）业务梳理难度大，系统安全需谨慎

基于我国人口基数大、人口分布不均衡、各省市发展水平差距大的国情，在推进政务数据共享和业务协同方面，国家仍面临巨大的挑战。政府不仅要深入探讨复杂的业务逻辑和业务内容，确定相关权限，还要根据各个省市不同的人文、地理、政治、经济等因素推进区块链政务应用。

另外，我国基本都是采用闭源的联盟链的方式来建设区块链政务系统的架构，其应用落地的经验缺乏规范化考证，而且在现阶段区块链生态中，产品的开发与运维体系仍不健全，导致区块链产品尚不成熟。着眼于政务服务领域，其服务群体与服务内容涉及面广，因此政务信息化系统不容出现瑕疵，否则将会影响政务服务效果。

（3）系统潜力未深挖，重复建设难避免

利用区块链技术为改造传统政务信息化系统赋能，真正实现区块链政务应用落地，需要构建统一的数据结构、数据标准及接口标准，但就现有国情来讲，这无疑是一项巨大的挑战。暂且抛开这一问题不讲，假设区块链政务系统已经建成，在实际应用中，其能否实现与传统政务系统友好兼容，也是一个未知数。

另外，区块链系统在研发过程中需要耗费大量的资源，甚至有些特殊应用场景要求单独建设运行环境并购置相应的软硬件以支持其运行，这就导致系统内部资源利用不充分、潜力挖掘不彻底，重复建设现象普遍存在。

04 推进政务区块链的实践对策

数字经济时代的到来，不仅给人们的生活带来了翻天覆地的变化，更为国家治理体系和治理能力现代化改革带来了机遇。区块链技术在近几年得到不断发展，在推进政务信息化应用中具有广阔的前景。近年来，为顺应我国加快建

设"数字中国"与"智慧社会"的趋势，各地区政府陆续建成线上政务服务平台体系，同时借助新一代信息技术不断创新升级、优化迭代，统筹推进政务信息化改革。

随着我国数字化进程的不断加快，数据资产逐渐得到重视，其价值也得到了深入挖掘，因此，我国政务信息化建设过程中的海量政务数据必将成为推动智慧政务建设的重要资源。虽然在之前的"互联网+"时代，其价值并未得到有效发挥，但随着区块链、大数据、云计算等技术的持续发展和深入应用，借助海量的政务数据将会建立起规模化的政务信息化系统，打造数据驱动的现代化政务治理体系，提升现代化治理能力，加快建设中国智慧政府进程。

（1）坚持以人为本，优化政务服务

智慧政府建设的终极目标是国家长治久安、人民安居乐业。政务信息化改革作为智慧政府建设的基础性工作，势必要遵循以人民为中心的发展思想。

首先，广泛听取人民的意见和建议，全面收集人民对政务服务的需求，结合社会对政务服务的预期，开展区块链政务系统的建设，为人民提供信息化、人性化、高效化的服务体验。其次，持续推进信息普惠，开展数字化技能培训项目，重点关注数字技能弱势群体，全面提升公民的信息素养，促使数字化惠及每位公民，建设公民、社会、国家步伐一致的智慧社会。最后，拓宽政务服务渠道，随时随地为公众提供服务，充分利用5G、大数据、物联网等新一代信息技术，构建线上线下一体化的政务服务体系，促进政务服务向智能化、个性化和移动化方向发展，深入贯彻落实"最多跑一次"改革，实现政务服务高效运作。

（2）强化顶层设计，产学研用协同

在传统的政务信息化建设中，由于缺乏统一的数据标准及接口标准，"数据孤岛"现象十分严重，这在一定程度上阻碍了政务信息化进程。为化解这一难题，国家深入贯彻"放管服"改革，并持续推广"互联网+政务服务"建设。为响应号召，各省级政府纷纷建设数据管理机构，以推进政务数据的共享交换与业务协同。

借鉴传统政务信息化建设的经验和教训，区块链政务应用需要强化顶层设计，科学有序地推进区块链政务信息化建设。现阶段，我国区块链政务应用落地面临的主要挑战是"新数据孤岛"难以连接并融合。"新数据孤岛"不同于传统的"数据孤岛"，它的产生是由于各地政府采用的区块链系统在底层架构和数据结构方面各不相同，这对于技术、组织、决策等有着更高、更严苛的要求，因此，科学合理的顶层设计是推动区块链政务应用落地的不二法门。

另外，要想真正成为社会发展与创新的主导者，就必须提升核心竞争力，推动社会创新，而产学研用则是催生核心技术的有效途径。因此，必须倡导产学研用相结合，鼓励技术研发，从区块链技术入手，着手推进核心技术创新和研发，推动区块链技术与产业的协同创新。

要以区块链赋能智慧政府，在国内，需要进行科学的顶层设计并持续优化，以产学研用为驱动，持续为政务信息化赋能，从根源上打造现代化治理体系，提升治理能力；国际上，大力发展经济科技，提升自身的实力和国际地位，增强国际话语权，扩大我国"智慧政府"在国际上的影响力。

（3）完善相关制度，营造良好环境

推动区块链政务应用落地，除需要积极发展核心技术外，还应当拥有完善的制度法规作为支撑。区块链技术的特殊之处在于，能够依托其去信任化的特征，将互不熟悉的参与各方连接到一起，实现政务数据的授权共享与业务协同，并且为其提供数据不可篡改与可溯源的功能。

因此，立法前期，可以首先选取一部分重点地区进行试点，既可以客观反映政务数据共享与业务协同过程中可能出现的问题，及时做出优化调整，又可以为立法提供参考，做到"有据可依"。立法阶段，应结合我国国情，推出大众认可的制度法规，使政务数据协同共享"有法可依"，推动区块链政务应用落地。此外，完善的法规制度还能约束政务职权，造福人民。

（4）释放数据红利，建设智慧政府

居民生产生活过程中会产生海量的数据，数字技术的发展使得数据的价值日益凸显，将其作为生产要素投入生产过程，能够最大限度地挖掘和发挥其价值。

区块链技术借助其去中心化的优势，能够打破海量政务数据间的壁垒，实现"数据孤岛"彼此间的互联互通，推动政务数据授权共享、业务协同，优化调整宏观治理政策，打造人性化、智能化、便捷化、高效化的政务服务体系。同时，区块链技术的应用能够实现政务数据与社会数据协同融合，提升政府治理水平，有效推动跨领域、跨地区、跨部门、跨层级的市场监管与服务体系的建设，并打通彼此间的数据链接，打造高效运转的政务服务格局，健全市场机制。另外，区块链技术依托其链上数据无法篡改及可溯源的特征，能够保障各方权益。同时，依据链上数据优化创新政务服务业态，可以提升治理能力和效率，切实推动区块链政务应用落地。

第12章 政务云平台建设路径与解决方案

当前,我国持续推进电子政务建设,各级政府部门积极推动网络、应用等集中共享,但与资源利用、数据安全、业务需求等相关的各类问题也随之而来。解决这些问题,就要积极构建政务云平台。

云计算平台具有虚拟化、分布式、高灵活性、按需部署、动态可扩展等特性。由于同时使用多个物理节点,各平台与应用部署的环境不需要具备空间上的联系,就可以把软件、硬件、IT 资源等要素虚拟化并交由云计算平台管理,从而实现对应用系统的扩展、迁移和备份等。政务云平台吸纳了云计算技术的优势,充分利用云计算等信息化技术创新政府管理、简化业务流程、优化政府服务,为政府各部门搭建 IT 基础服务平台,如基于智慧政务云平台的行政并联审批系统,见图 12-1。不仅如此,政务云平台还能监督政府业务运作,提升政府各部门的工作效率,确保政府各部门能向群众提供优质高效、廉洁奉公的一体化政务管理和服务,从而进一步提升电子政务建设和应用水平。

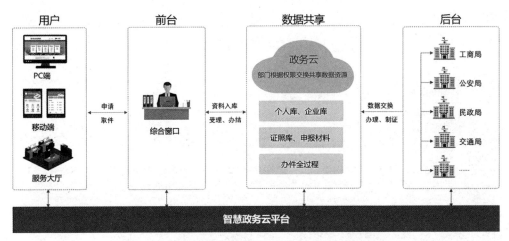

图 12-1 基于智慧政务云平台的行政并联审批系统

从我国电子政府的现状和发展趋势,以及各政府部门的主要职能、办公系统的类型等具体情况来看,当前的政务云平台建设应主要采用"软件即服务"（Software as a Service，SaaS）模式，并辅以"平台即服务"（Platform as a Service，PaaS）模式，为政府各部门构建基础的信息化应用系统平台。

政府若要在进行电子政务建设时充分发挥出云计算平台先进性的优势，获取更好的成效，就必须深入分析政务模式和业务特点。简单来说，政务云平台建设模式主要分为三种，即基于 SaaS 模式的政务云平台、基于 PaaS 模式的政务云平台和基于云网融合的政务云平台。

01 基于 SaaS 模式的政务云平台

政务云系统要能够实现政府各个部门的互联互通和各种业务的协同办公。政府各部门的职能复杂，既有公检法三位一体的监管职能，也有公共事务管理等职能，且各级各类政府部门繁多，有着大量具有共性的办公系统，因此政务云系统要有承载多个系统的能力，能为各部门、各业务的办公系统统一提供基础 IT 服务。

政务云平台建成后，政府部门无须再重复建设共性办公系统，因此既能节约建设资金，也能稳定运行业务系统。政务云平台能通过云计算 SaaS 模型建设各政府部门的基础 IT 服务系统，基于 SaaS 建设的云平台能够在统一的云平台上部署应用软件，从而极大减少各级政府在服务器硬件、网络安全设备、软件升级维护上花费的资金。SaaS 云上政务大厅示例如图 12-2 所示。

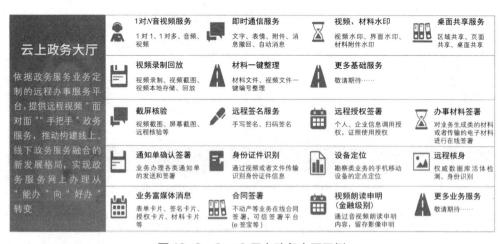

图 12-2 SaaS 云上政务大厅示例

负责建设政务云的部门将会做好网络软件、网络基础设施、硬件运作平台的前期实施、后期维护等各个方面的信息化工作,让政府不建机房、不买软硬件、不招技术人员也能使用信息系统。政务云能将应用软件部署在统一的平台上,政府既不用购买软件,也无须维护软件或系统运营,直接就能通过网络在同一平台上按需访问,且离线操作和本地数据存储功能也能为各政府部门的数据安全提供有力的保障。

SaaS 服务模式下的政务云主要有以下几项优点:

① 在人员需求上

各级政府部门对专业技术人员的需求减弱,只需根据需要配置少量技术人员就能实现信息化系统的维护和升级,从而更新技术应用,迅速获取优质的政府信息化管理平台解决方案,充分满足政府在信息管理方面的需求。

② 在建设成本上

因为政务云平台中已部署大量丰富、全面的应用软件,所以各级政府无须再进行重复建设,可以节省政务信息化建设过程中的建设资金。

③ 在维护管理上

只要有政务云平台就已经能满足各级政府对基础 IT 服务和应用系统的需求,因此无须维护和管理其他应用系统,极大地降低了政府部门在维护管理方面的费用支出。

02 基于 PaaS 模式的政务云平台

通常情况下,各级政府部门不仅需要使用具有共性的 IT 应用服务平台,还需要配置符合自身职能的业务系统,例如海关总署使用的通关系统和国家知识产权局使用的专利审批系统等。这些专属业务系统在软件架构和系统功能方面往往存在巨大差异,因此必须采用平台即服务(PaaS)模式进行政务云建设,构建出能承载各政府部门业务系统的基础平台。

PaaS 是一种将服务器平台当作服务来提供的云计算服务模式。各级政府可利用 PaaS 模式下政务云中的服务器平台承载自身业务系统。如果政务云已具备信息系统，那么可以先通过构建 PaaS 平台在面向服务架构（Service-Oriented Architecture，SOA）平台上统一归纳信息系统中的各项服务，形成具有可复用价值的服务构件，再为各级政府部门在 PaaS 平台中构建相互独立的用户域，选用不同硬件的服务平台，便于各部门根据自身业务环境和模式对各项服务进行组织，示例如图 12-3 所示。

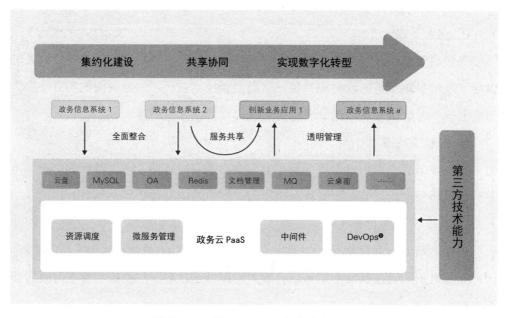

图 12-3　政务云 PaaS 解决方案示例

在 PaaS 平台上，各个信息系统可以聚合成一个整体。从各政府部门的角度来看，各部门可以在自己专属的用户域中按照自身业务需求组织各项服务；从整体上来看，政府部门可以根据整个组织的需求进行业务系统建设，避免因各部门各行其是产生重复建设的情况。除此之外，新增业务系统也能在 PaaS 平台中注册功能，便于各政府部门按需取用。

---

❶ DevOps 是 Development 和 Operations 的组合词，是一组过程、方法与系统的统称，用于促进开发（应用程序/软件工程）、技术运营和质量保障部门之间的沟通、协作和整合。

如果政务云尚未有信息系统，那么为了以后能更好地承载各政府部门的业务系统，先搭建 PaaS 平台也是可行的。在 PaaS 平台建设完成后，各政府部门可以根据全局规划来确定、部署、开发自己的业务系统，这时可以向厂家提出统一接口标准的要求，提前规范统一政务云平台中所有业务系统的接口标准，确保各个业务系统之间的连通性，防止新系统上线后无法与原先的业务系统互联互通。

PaaS 主要有以下特点，如图 12-4 所示。

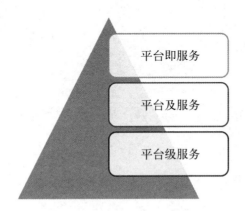

图 12-4　PaaS 的主要特点

① 平台即服务

与其他的服务相比，PaaS 提供的不是应用，而是基础平台。一般来说，平台是对外服务和部署应用的基础，通常由应用服务提供商（Application Service Provider，ASP）来建立并持续维护。PaaS 则截然不同，它提供的基础平台是由专门的平台服务提供商来负责建立和运营的，不仅如此，PaaS 还能以服务的方式向应用系统运营商提供该平台。

② 平台及服务

PaaS 运营商不仅要提供基础平台，还要提供基于基础平台的技术支持、系统开发和系统优化等服务。因为最熟悉基础平台的是 PaaS 运营商，所以 PaaS 运营商在完善应用系统方面给出的意见也十分关键。若要开发新的应用系统并确保该系统能够长期稳定运行，那么 PaaS 运营商还需要进行技术咨询并鼓励相关团队参与。

③ 平台级服务

PaaS 运营商将稳定的基础运营平台和专业的技术支撑团队作为可对外提供的服务。这种堪称"平台级"的服务具有保障 SaaS 或其他应用系统长期稳定运行的能力，还能迅速达到用户对开发能力的要求，给最终用户创造效益。

PaaS 服务模式下的政务云有以下几项优点，如图 12-5 所示。

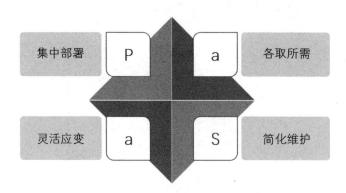

图 12-5　PaaS 服务模式下的政务云的优点

① 集中部署

大规模数据中心的数据存储更为集中，可靠性更高，还能根据业务系统在用户上的差别提供不同的服务器硬件平台，以客户业务系统的发展为依据及时变更硬件平台的部署标准，让各级政府部门不用再为维护自身的软硬件体系花费过多时间和精力，为其开通或注销一些应用平台提供方便。

② 各取所需

各级政府可按需选用基础硬件中的各项功能，搭建适用于自身实际情况的 IT 架构。各政府部门还可以按照用户喜好和业务特点，为各个机构定制个性化的端到端业务流程。

③ 灵活应变

PaaS 平台包含全部的业务系统，并开放了所有功能应用，能及时处理各种变化，如果产生新需求或需要调整软件，那么只需改变各个服务组件之间的关联关系就可以。

④ 简化维护

把原本互相独立的各个应用进行集成，并搭建一个完整的信息架构，将其用于真实的业务流程中，就可以减少在维护上的投入，优化用户的使用体验。

总体而言，SaaS 和 PaaS 模式可以作为重要支撑，助力政务云的整体规划和建设。建设好的政务云能够为各政府部门提供易扩展、易管理、能充分利用资源的电子政务支撑平台，为当前的电子政务行政管理提供更好的组织架构，在信息化建设中，合理、彻底、充分地利用好资源和资金。

03 基于云网融合的政务云平台

随着政府信息化程度越来越高，政务系统对数据的加工，逐步由分散处理转向集中处理，这就要求必须对全部的系统数据进行统一存储和整合，让统计数据能更好地辅助决策并实现共享。因此，构建基于云网融合的政务云平台势在必行，示例如图 12-6 所示。在政务云平台中进行数据整合和共享，还需要深入思考共享成本、接入技术、数据安全等诸多问题。

图 12-6　基于云网融合的政务云平台示例

（1）共享成本

政务云能满足政务信息化建设的要求，以融合瘦客户端（Thin Client）和云桌面的方式大幅降低在电子政务信息资源共享方面的成本支出，并在计算架构上以云服务平台客户端架构替代传统的服务器客户端架构。

政务云模式下的用户可以借助各种瘦终端接入云桌面，获取所需的信息、服务和知识等资源。电子政务信息资源用户端可以最大限度地简化设备和技术，不需要复杂的客户端配置，只需要充分利用云服务平台提供的软硬件等资源，就能获取所需的信息和服务，大大降低了共享成本。不仅如此，各级政务部门还可以在云平台统一存储数据，有助于充分利用云服务平台资源，节约政府资金。

（2）接入技术

若要实现以政务云为基础的电子政务信息资源共享，还需要构建能为各部门、各单位进入电子政务信息资源共享"云"提供便利的云接入平台。云接入平台既要适用于不同的部门和单位，也要有易接入的特点，还要具备辅助用户进行注册、访问、查询等操作的功能，为各电子政务信息资源管理单位和用户提供便捷，实现不受时间和地点的限制直接接入电子政务信息资源"云"。

为确保各级政府接入政务云更方便便捷，不但要增加接入方式的多样性和接入网络的带宽，还要保证政务云的数据处理速度。为破除异构网络中的信息孤岛，网络设备必须符合光纤通道标准，能在以太网光纤通道（Fibre Channel over Ethernet，FCoE）中运行；服务器要能利用聚合网络适配器（Converged Network Adapter，CNA）承载前后端网络；架顶交换机要能利用10G的FCoE端口接入服务器来承载前后端网络流量，并借助FC（Fibre Channel，网状通道技术）端口接入传统FC存储网络，或利用FCoE端口接入存储的FCoE端口。

云网融合的架构有助于优化云计算网络管理，减少在运营维护方面的支出，提高网络效率。与此同时，云平台数据交互量日益增加，在核心设备方面，要采用符合40G或100G以太网标准的设备进行网络互联，提高数据性能，构建多级交换（CLOS）网络。在网络架构方面，由原本的以服务器为中心变为以交换机为中心，在网络维护方面，利用虚拟化的设备部署促进虚拟网络的全自动部署和统一融合网络的高速互联，降低网络维护难度，实现网络对云计算业务的综合支撑。

（3）数据安全

政务云应具备保护政务数据的能力，必须建立安全可靠的云计算数据中心。这种数据中心可以由多个数据中心组合搭建而成，采用数据管理平台统一分配数据存储资源，负载均衡，加强对数据、应用的部署和管理。

从数据共享的角度来看，政务云能以安全权限的高低为依据进行策略管理，确保网络层面的数据安全。当终端存入数据时，政务云将会根据安全级别和应用系统类别对数据进行标记；当使用云网络传输数据时，将会在网络层面检查该数据的安全级别；当出现数据的安全级别低并与被送往区域不相符的情况时，政务云能以安全策略为依据丢弃报文并告警，确保数据能安全流通。

第五部分 智慧产业篇

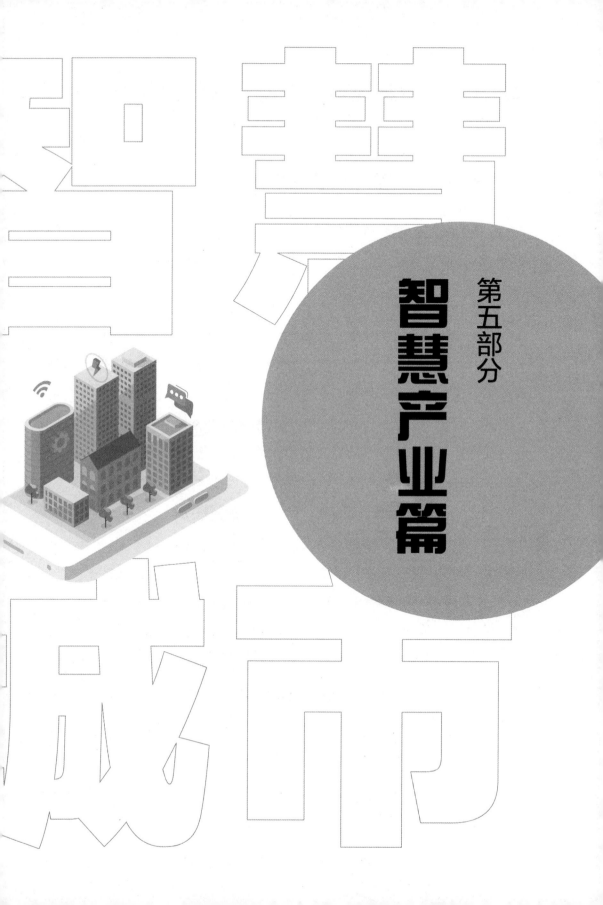

第13章 智慧教育：重塑未来教育新格局

01 智慧教学：变革传统教学模式

现如今，智能技术在教学中的应用逐渐深入，为课堂教学、作业安排、课后辅导等多个教学场景带来了较为理想的师生互动体验。如通过作业分析、课堂反馈，教师能够对学生的知识掌握情况有比较系统的认知；通过资料推荐、方案生成，教师能够轻松获取符合本班级情况的教学资源，制定专门化的教学日程；而辅助讲授、辅助答疑等教学辅助手段能够减轻教师的教学压力，让教师将更多精力用于对学生进行有针对性的培养。总的来说，智能技术在各个教学场景均能发挥较为良好的辅助作用，如图 13-1 所示。

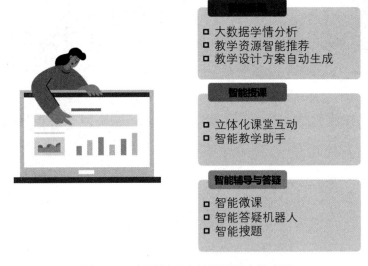

图 13-1 智能技术在教学场景中的应用

（1）智能备课

① 大数据学情分析

在备课过程中，教师需要对学生学习情况、班级教学环境、往期教学效果进行综合考量，从而决定从什么角度切入教学，据此准备需要的资料。学生对课堂知识的预期掌握效果，可以通过学习行为、学习心理、学习成绩等多项指标进行预测。

大数据技术的应用，可以帮助教师更全面、系统地了解以上几个方面的因素，统计出学生的学业情况，并进行可视化处理，生成报告作为备课的依据。不同学生的学习效率存在天然的差距，学习效果也往往受其影响，基于大数据的备课过程建立在尊重学生个体差异的基础上，能够保证教学资源的全面、多样，激发学生的学习热情。

② 教学资源智能推荐

在智慧教学过程中，教师搜索教学资料的过程会被记录下来。通过对搜索内容的深度分析，智能技术能够总结教师的教学方向与教学习惯，向教师提供符合学生学业情况的学习资料。相比主动搜索，智能推荐更加主动、针对性更强。通过搜索引擎搜索得到的结果往往不能完全满足教师的需求，且与当前班级的教学进度、以往的教学内容相冲突，而智能推荐完全以本班级学生为样本，推荐结果更加契合教学目标。

③ 教学设计方案自动生成

传统教学模式下，教师备课涉及大量的文本资料，教学的准备工作既冗杂又单调，时间成本过高。大数据技术参与教学过程后，能够深入分析教师的教学习惯与学生的学业情况，结合教学进度、教学目标，通过教学方案生成系统为教师提供完整、具体的教学方案，节省教师的时间，避免重复工作，在为教师提供良好教学体验的同时，也切实改善了教学效果。

（2）智能授课

① 立体化课堂互动

课堂中的师生互动是知识传授最有效的途径，良好师生互动的达成需要满足多方面的条件。传统课堂学生参与度较低，积极性难以调动，往往是被动的知识灌输，效果通常不理想，且课堂中的互动过程无法留存，教学近似是一次性的，学生无法对教学内容进行巩固。

得益于智能技术的参与，智慧课堂拥有学生抢答、小组合作、随机提问、班级投票等功能，能够充分调动学生的积极性，实现良好的师生互动。而且，师生互动的过程将以视频、音频等形式保存下来，供学生回顾课堂知识，也可以供教师整理课堂流程。课堂数据上传后，又可以作为教学资源智能推荐的依据，持续优化课堂教学流程。

② 智能教学助手

智能教学助手是智能虚拟助手的延伸，主要通过交互对话进行教学服务，能够在各种教学场景下为教师提供辅助。如智能教学助手搭载的语言模块能够分析课堂对话，计算教师的偏好并响应教师的行动，配合教师进行课堂教学。

在使用时，教师向智能教学助手发送语音指令，智能教学助手识别语音，完成任务后将结果以语音的形式反馈给教师。智能教学助手的本质是使用智能技术为教师提供服务，是智能授课的一环。

（3）智能辅导与答疑

辅导与答疑是教学必不可少的流程，但不同学生对课堂内容的困惑不同，教师必须单独辅导、逐个答疑。在传统教学模式下，教师的工作量较大，导致辅导与答疑的时间较少，效果也就较差。图片扫描、语言 AI 等技术的发展，为智能辅导答疑提供了可能，教师有了智能技术的帮助，工作量大大降低，能够很好地兼顾课堂讲授与课后辅导答疑。

① 智能微课

智能微课的主要用途是课后辅导，通常根据学生的作业完成情况进行反馈，提供能够巩固薄弱知识的教学资源，这些资源与学生当前的知识掌握情况高度相关，针对性较强。在学生对知识进行巩固的过程中，智能微课会自动识别涉及的知识点并提取，供学生总结与记忆。除此之外，学生还能够自行考量学业情况，主动搜索需要的微课，进一步完善知识结构。

② 智能答疑机器人

智能答疑机器人会识别学生提出的问题，如分析学生所提问题涉及的知识点或难题，尽量理解学生的意图，并在自带的知识库与题库中进行搜索，寻找最符合学生需求的资源，并根据提问生成答疑结果。

③ 智能搜题

学生可能会因某一个问题而迟迟无法完成作业，这既会影响解题思维的形成，又会影响整体学习进度，这时就需要智能搜题提供一些思路上的启迪。智能搜题能够识别题目内容，在题库中完成搜索，给出解题过程，帮助学生理解。

02　智慧课堂：技术重构教学流程

智慧课堂是智能技术在教育领域的核心应用形式，指的是新型技术支持下的智能化讲授模式。通过智慧课堂，教师能够对智慧教学进行教研，改善教学方式。相比以往的信息化教学，智慧课堂无论在技术应用的深度还是广度上都有了明显提升，具有许多新功能，在多个学科的教学上均有创新性突破。

智慧课堂的核心理念是以学生为服务对象，依托云服务、平台、客户端的协同合作，创设数字化、多功能的课堂环境。在智慧课堂上，学生能够使用多种数字化工具，享受海量的教学资源，通过平台的辅助选择合适的教学资源与学习方法，完善知识体系的架构。

由于智能技术不断推陈出新，越来越多的智能教学手段在智慧课堂中亮相。广大师生的数字化教学实践使得数字化工具在课堂中的应用越来越深入，传统的教学模式也因此迎来了一次全面的更新。

应用信息技术前的课堂，一般由教师完成备课、讲授、抽查、作业布置、作业批改等五个步骤；由学生完成预习、听讲、回答问题、完成家庭作业等四个学习步骤。师生各司其职，通过课前准备、课上教学、课后反馈三个阶段重复教学。

但这种教学模式存在不少缺点，首先是缺乏灵活性，教师按部就班地完成教学计划,很难依照学生的学业情况修改教学日程;其次是缺乏互动性,师生之间的交流较少,学生的诉求难以传达给教师,教师的意图往往也无法准确传达给学生;最后是缺乏独立性,不能照顾到每个学生的进度,学生很难自主寻找学习资源进行学习、跟踪进度,对教师而言,工作负担也比较大。

智慧课堂教学流程如图 13-2 所示,大致由课前的预习讨论,课中的展示、合作与测试以及课后的巩固与反馈构成,共分为三个教学环节、八大学习活动。下面简单介绍这八大学习活动。

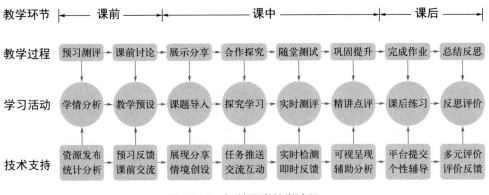

图 13-2 智慧课堂教学流程

① 学情分析

智慧课堂的服务平台可以向教师提供学生的学业情况及影响学习效果的因素等方面的信息,教师根据这些信息拟定大概的教学方向。同时,学生可以从平台获取预习需要的教学资源,还可以在平台上讨论课堂内容,教师也可以通过浏览这些讨论内容,了解学生的疑惑,修正教学目标。

② 教学预设

平台会将学生预习测试的情况发送给教师,教师根据学生的知识掌握情况和预习效果确定课堂目标,围绕目标制定教学的内容与方式方法,选择需要的教学资源,合理设计教学方案。

③ 课题导入

预习的测试一定程度上能够刺激学生对预习内容进行思考,平台讨论则能促进学生交流思考成果,在此基础上创设情景,鼓励学生分享预习成果,能够激发学生的学习热情,如此在课堂正式开始前,就已经将学生带入当堂的教学内容中了。

④ 探究学习

在课上,教师向学生发布自主学习任务,描述当堂课程要达成的目标,并将学生分组进行合作探索。通过分组讨论的模式,让学生通过自己的思考获得要学习的知识,教师扮演引导者与总结者的角色,而非机械地灌输知识。

⑤ 实时测评

学生经过自主学习达成本堂课的教学目标后,教师通过平台向学生分发随堂测试,学生在学生端完成测试并提交给教师,由平台完成评价后返还给学生。

⑥ 精讲点评

教师端可以查看随堂测试的结果,总结班级整体掌握较为薄弱的知识点,讲评纠错,带领学生解决难点,分辨易错点。

⑦ 课后练习

教师根据每个学生不同的学业情况,分发不同的课后学习任务,巩固课堂知识;学生则根据教师的要求完成作业并上传平台。上传后,客观题目将很快由平台评价后生成反馈,主观题目由教师阅览后完成批改。每个学生的作业完成情况都不同,教师需要有针对性地录制视频讲解误区,并将视频分发给学生。

⑧ 反思评价

学生观看教师录制的反馈视频,并及时纠正错误。完成作业反馈后,还可以在平台上再次讨论,由教师总结讨论结果,寻找可能存在的知识漏洞,作为之后设计教学方案的参考。

上述的八个教学活动组成了智慧课堂的基础流程,具体会因班级实际情况不同而存在细节上的差别。每个环节都需要师生的相互配合,充分利用教学要素、合理支配教学资源,本质上是一个教学相长的过程。这要求教学流程的设计必须着眼于师生互动,通过智能技术发挥教师的引导功能,培养学生的自主学习能力,丰富课堂成果,这是智慧课堂的核心。

智慧课堂中，数字化手段运用较为广泛，相比以往的课堂教学模式有多个方面的创新，如根据班级数据进行教学方案设计、通过平台服务快速给出题目反馈、通过课前课后的平台讨论进行师生互动、通过智能化手段向课堂参与者推送教学资源等。总的来说，智慧课堂利用大量数字化工具实现学生的探索性学习，强化了师生之间的交流互动，且教学平台的响应速度比以往的信息化课堂有了显著的提高，为教师总结、评价班级学习情况提供了条件，优化了教学流程。

03 智慧学习：构建新型学习形态

学习的过程是学生与教师、学生与学生之间协同合作的过程，需要将学生带入具体的学习环境中，使其构建知识体系，并培养其学习技能及学习态度。智慧学习则是应用智能技术，为学习过程提供各种功能支持，达到团队协作、沉浸体验式学习的目的，因材施教，寓教于乐，开拓学习的新形态，如图13-3所示。

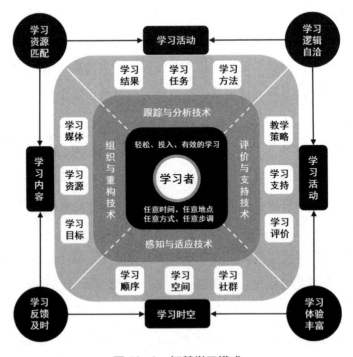

图13-3 智慧学习模式

而且，该学习模式不但能为学生指引学习方向，还能使学习过程更具有趣味性，促进学生深入探索学习。

（1）个性化学习

个性化学习的概念由来已久，最早可追溯到孔子"因材施教"的教育理念。现如今，随着教改的进行，大班授课已经逐渐向小班、走班授课转变，但仍未突破传统的班级体制，班级的学习进度与学生个人的学习进度存在或多或少的矛盾，因此智慧学习应重点关注学生的学习特征。虽然授课体制有待改变，但个性化学习的观念已经被广泛接受。通过 AI 与大数据的应用，智慧学习平台可以根据学生的学习特征，为每个学生量身定做学习方案，培养学生的学习能力。

如智慧学习中的个性化学习诊断，相比以往的学习诊断，不再单独从成绩角度分析学生的学业情况，而是从多个方面立体评价学生的知识体系，同时通过应用大数据分析提高学习诊断的能力。

- 学生在课上的行为、在平台上的讨论及作业完成情况都会被记录下来，作为评价学生学习习惯的依据。
- 学生的相关行为数据收录于平台后，平台可据此对学生的学习行为展开分析，评价学生的表现。
- 在学生学习的全过程中，智能学习诊断系统将持续记录学生行为，一一对应目标学生与其行为数据，所有数据都可以用来完善智慧学习的数据库，供教学 AI 深度学习。
- 借助于大数据、人工智能等技术，数字化工具能够清晰地描绘出每一个学生的学习画像，并根据学生的表现提供适度的帮助，从而激发学生的学习自主性。

（2）协作式学习

协作式学习指的是通过将学生划入一定规模的学习小组中，合作解决问题，完成学习过程。协作式学习的途径有小组分工、信息交流等，通过协同合作，学生能够将复杂的任务拆解成简单的任务点，共同寻找解决问题的方式，交流共享学习成果，提高学习效率。

协作式学习在进行分组时，对智能技术的配置有一定的要求，必须能够全面考虑学生的团队角色、学习能力、交流意愿等因素，实现最优的分组效果，尽量保证小组合作的稳定。

- 学生端的设备需要互相连通，保证信息传递的速度，以供小组成员共同讨论学习内容，分享自己的思路与观点。
- 平台的数据算法需要足够先进，在课上实时对小组讨论的内容作出反馈，迅速总结讨论结果，跟上学生协作学习的节奏。
- 思维图表等学习工具应满足合作小组同时编辑的需要，以便随时记录协作学习过程中的成果。整个学习过程需要全程录制，作为样本留存，以便后续学习观摩。

（3）沉浸式学习

沉浸式学习起源于外语教学，起初是为了向外语学习者提供完全沉浸式的语言学习环境，创造练习机会，避免母语思维对第二语言的学习产生影响。如今，信息技术在教学中的应用逐渐拓展，沉浸式学习的使用场景也随之扩大。

VR技术是沉浸式学习实现的基础，另外还有桌面端的虚拟应用、模拟环境的虚拟世界技术。这些虚拟技术共同作用，能够营造出虚拟与现实结合的沉浸式学习环境，让学生身临其境，方便学生理解，加快知识的学习和技能的提升。在虚拟现实学习环境中，学生能够通过所有感官感受环境细节，相比单纯的知识讲解，学生的注意力往往更集中，学习效果更好。相比传统的沉浸式学习，虚拟现实技术的应用提高了环境的仿真程度，在原有基础上进一步提高了学习效率，是未来智慧教育的发展方向之一。

（4）游戏化学习

游戏化学习指的是在知识讲授时加入一定的游戏成分，激发学生的学习热情,将学习任务融入游戏情境,持续赋予学生探索动力。游戏化学习在促进师生交流、培养学习思维等方面的表现比较突出,能够带来更多学习乐趣,鼓励学生思考,改变学生看待问题的角度,取得课堂知识之外的学习成果。应用信息技术之前,游戏化学习依赖教师的语言描述,代入难度较高,学生难以融入情境的同时还会被语言干扰。在使用 VR、物联网、神经网络模型等技术搭建游戏情境之后,学生的游戏体验得到改善,这会促使学生积极完成学习任务,游戏化学习的效果也随之增强。

智能技术并非仅仅用于搭建游戏情境,还能在虚拟现实环境中分辨学生的学习行为,并实时响应,响应途径主要有两种:

- 基于物理环境的响应途径,通过物理现象进行行为反馈,如在电流、电压、电阻的学习中,通过物联网连通教学设备与实验室设施,使学生能够实时控制灯泡亮度。
- 基于虚拟环境的响应途径,通过游戏环境的变化进行行为反馈,如通过动捕技术将学生的动作上传到游戏中,使学生能够通过动作改变游戏内容。

04 智慧管理:教务管理精准决策

传统的教务管理模式已经无法满足越来越庞大的排课、师资等管理方面的需求,因此需要及时引进智能技术优化教学资源配置,实现科学管理。智慧教务管理即在智能技术参与下形成的新型教务管理模式,是对整个教务系统的重塑与升级。智慧教务管理平台示例如图 13-4 所示。

(1)排课管理

教改后的自主选课打破了以往稳定的大班授课制,同时也增加了排课的难度,有时排课甚至会影响选课组合,对学校的教学活动造成不利影响。有了数字技术的支持,排课管理系统能够根据现有资源配置迅速生成符合要求的课表,协调了教师、选课与教学场地之间的矛盾,让课程安排更加灵活、系统。

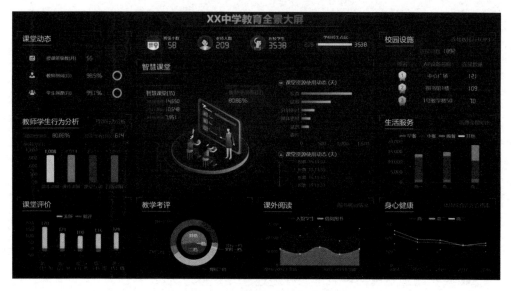

图 13-4　智慧教务管理平台示例

① 收集基础数据

排课教师需要先通过排课管理系统收集学生的选课组合,并集中统计;再与任课教师的基本情况比对,结合学校现有的教室数量、每周的课时安排,确定基本的排课参数。

② 输入限定条件

根据学校的办学特点、特殊要求等确定排课的限定条件,再将某些教师、教室的特殊日程输入排课管理系统。

③ 生成排课方案

排课管理系统按照输入的基本参数与追加的限定条件进行计算,并生成符合要求的课表。

④ 人工审核调整

排课教师比较每种课表的不同,选定最合适的一种作为最终的排课方案。

(2) 考勤管理

录入学生人脸数据,并在学校关键位置安装摄像头,接入考勤管理系统后,就可以实现全天候的智能考勤。具体需要参照校规内容，判断学生在特定时间段出现在特定地点是否属于违规。

① 出入校考勤

学校可以提前导入走读生身份，再上传当天的请假人与请假时间等信息，如此一来，学生进出校门时，系统就能够识别出违规出校的学生。

② 班级考勤

每个教室都会配备摄像头，在上课期间，系统会参照课表自动检测不在场的学生，并结合走班数据，对学生进行课堂考勤。

③ 住宿考勤

可以提前向考勤系统导入住宿名单，在规定就寝时间，由学生公寓门口的摄像头识别出进入宿舍的学生，如此一来，就可以实现对住宿生的住宿考勤管理。

（3）师资管理

通过应用大数据技术，可以收集教师的行为数据，描绘教师画像，统计其教学的风格、习惯、效果，并以此为依据对学校的教师资源进行管理。

① 对教师基础数据进行集中管理

首先要建立起教师的基本信息数据库，供各个教务管理系统使用，并实现实时更新。聘用新教师后，首先就要将其基本信息录入数据库，以便统一管理。此外，教师的考勤、工资发放、职称调整、工作状态更新等都是通过数据库完成，并体现在其他教务管理系统中。通过集中处理教师数据，能够系统化地管理教师资源，提高教务工作的效率，简化学校的行政管理流程。

② 基于教师发展档案构建教师画像

建立教师基本信息数据库之后，师资管理系统还会收集不断变动的教师行为数据，确定多个维度的发展指标，并进行可视化处理，勾勒出教师的立体画像。系统还会将教师数据综合起来，建立学校师资的群体画像，并将单个教师的数据与群体数据进行比对，给出合适的职业生涯发展建议，尽可能地帮助每个教师实现自我价值。

（4）教学质量管理

教学质量管理系统应用了多种智能技术，在学校的日常教学活动中，能够翔实地记录学生的课堂行为及考试成绩，并对收集的数据进行分析和可视化处理，定期总结并生成报告，作为学校高层决策的依据。此外，教学质量管理系统能够对动态数据进行深度挖掘，评估一段时间内的教学质量，实现对学校教学工作的长效管理。

上述的教学质量管理建立在大数据的技术基础上，并非笼统的指标监测，而是深入到具体的教学活动中。教学质量管理系统关注每个学生的学业变化，衡量不同评价标准下学生的数据特征，探索能够准确反映教学质量的评价机制。

在实际的教学质量管理中，一般会通过智能技术从横纵两个层面评价教学效果。横向指的是比较某次考试中各个行政班的平均考试成绩，借以衡量不同行政班的教学质量差异；纵向指的是统计历次考试中某届学生的整体成绩水平，探究办学质量随学校发展的变化规律。

第14章 智慧医疗：医疗数字孪生的应用

01 医疗数字孪生的应用优势与原理

所谓智慧医疗，指的是将医疗信息云存储、无线远程会诊、移动诊室及移动监测等技术应用于医疗领域的各个环节中，在提高医疗质量和诊疗效率的基础上，进一步推动医疗资源的合理化分配。

数字孪生是一个超越现实的概念，也是一种虚拟仿真技术，能够充分利用物理模型、运行历史和传感器更新等数据，以数字化的形式将物理世界中的事物实时映射到虚拟空间当中。在数字孪生技术发展初期，大多应用于航空航天领域。就目前来看，数字孪生技术已经被广泛应用到医学分析、产品设计、产品制造、工程建设、城市规划等领域当中。

数字孪生融合了大数据、物联网、云计算和人工智能等多种先进技术，能够连通物理世界与虚拟世界，支持两者进行实时数据交互，并在此基础上实现对实体状态的实时监控、预测分析和优化决策。不仅如此，数字孪生所构建的虚拟模型在特征和性能等方面均与物理实体一致，且状态同步，是物理实体的实时映射。

（1）医疗数字孪生的应用优势

数字孪生技术具有十分强大的虚拟仿真能力，不仅能够对物理实体的结构进行1:1复制，还能够在虚拟世界中同步展示物理实体的功能和行为。数字孪生应用在医疗卫生领域，可以对人体的器官、系统和行为进行复制和模仿，为医学研究、疾病诊疗和健康管理等提供支持，推动医疗卫生行业发展。

与此同时，数字孪生给医疗设备的应用提供了众多智能手段，能够有效实现医疗资源的优化配置，实现医疗服务水平的提升，比如，移动诊室、远程会诊、智慧处方、临床决策系统等。

智慧医疗包含智慧医院系统、区域卫生系统和家庭健康系统三部分，各个部分互联协作，使城市公共医疗负担大幅降低，并推动国内的公共医疗管理系统逐步完善。医疗数字孪生服务体系的构建，使得医护人员能随时了解患者的健康档案、就医用药史等基本情况，随时随地快速制定诊疗方案，并将信息在云端存储，形成民众的"云医疗库"，从而可以利用人工智能、边缘计算、生物芯片等高新技术诊断和预测医疗个体的健康状况。

比如，利用医疗数字孪生，可以远程监测高血压患者的意外摔倒情况，并抓住最佳治疗时机；通过可穿戴医疗设备，能够智能监测患者的血压、血糖、体温、心电等人体生理指标，及时发现异常并提供医疗指导；可以为患者提供智慧药柜，及时提醒患者按时、准确服药等。

（2）数字孪生医疗的应用原理

数字孪生技术在医疗领域的运作机制具有综合性强、动态化程度高等特点，能够以数字化的形式将物理世界中的医疗对象或医疗过程实时映射到虚拟世界当中，帮助医疗行业进一步提高医疗决策的高效性及医疗服务的个性化程度。数字孪生医疗的功能主要体现为以下几方面，如图14-1所示。

图14-1 数字孪生医疗的功能

① 数据集成

数字孪生医疗可以通过数据集成来帮助医疗工作者广泛采集各项数据信息，如实验室测试结果、患者的生活习惯、患者的遗传信息、计算机断层扫描

(Computed Tomography，CT）影像和核磁共振成像（Nuclear Magnetic Resonance Imaging，NMRI）等医学影像信息，以及心率、血压、血糖等医疗传感器数据，从而在数据信息层面为各项医疗活动提供支持。

② 模型构建

数字孪生医疗可以利用在数据集成环节所获取的各项数据信息构建患者的数字孪生模型，并借助该模型来为患者提供更好的医疗服务。一般来说，这类数字孪生模型大多为包含患者解剖结构、生理状态和生化过程等多项内容的3D模型，相关医疗工作者可以借助该模型对医疗活动、器官功能等进行模拟。以心脏的数字孪生模型为例，该模型的各个参数均与心脏实体一致，能够对心脏跳动情况、血液流动情况和心脏瓣膜功能等进行动态模拟。

③ 实时模拟

数字孪生模型具有实时映射的特点，能够连接各项传感器和医疗设备，实时获取各项数据信息，并利用各项实时生理数据来实现对患者健康状况的实时模拟。以心脏疾病的诊疗为例，数字孪生模型可以实时模拟患者的心脏跳动情况，帮助医生及时发现异常情况，充分了解患者病情。

④ 预测分析

数字孪生模型中融合了机器学习、深度学习等多种先进算法，能够预测患者的健康状况变化趋势和分析各项诊疗方案的诊疗效果。比如，该模型可以综合分析各项历史数据和患者当前的健康状况，并根据分析结果实现对并发症风险、长期治疗效果和疾病发展趋势等情况的有效预测。

⑤ 决策支持

医疗工作者可以根据数字孪生的模拟和预测结果制定个性化的诊疗方案，选择最符合患者实际情况的诊疗方法，并利用数字孪生模型对治疗效果进行预测。以手术的实施决策为例，医生可以借助数字孪生来将手术规划和手术过程映射到虚拟世界中，以便提前找出并解决手术方案中存在的问题，也可以利用数字孪生模型来评估手术风险，以便进一步提升手术的安全性。

02　医疗数字孪生应用基本框架

数字孪生技术在智慧医疗领域的应用主要是建立患者的"医疗数字孪生体",即采集患者的健康档案、就医史、用药史、智能可穿戴设备检测数据等信息,并将其储存在云端,然后借助人工智能、边缘计算、增强分析及生物芯片等技术对人体内的变化进行模拟,从而实现对患者健康状况的实时监测、精准分析和智能诊断。

具体的应用如下:将生物医学传感器植入糖尿病患者体内,并对其血糖数值进行实时监测,在此基础上提供饮食及用药等方面的建议;将智能可穿戴设备比如智能手表等佩戴于患者身上,当监测到异常信息时可以自动发送求助信息;基于患心血管疾病人群的健康数据模拟身体状况,应用医疗数字孪生体预测其疾病发展情况。

数字孪生技术在智慧医疗领域的应用可以归结为一个基本的应用框架,该应用框架主要由以下五部分组成,如图14-2所示。

医疗数字孪生	基础支撑层	个人医疗信息
		医疗资源
		医疗能力
	数据互动层	数据采集与处理
		数据传输
		基础功能
		用户接口
	模型构建层	服务管理
		数据管理
		知识管理
		用户管理
	功能层	
	安全系统与信息共享标准	

图14-2　医疗数字孪生应用基本框架

（1）基础支撑层

基础支撑层主要指的是与患者接受医疗服务相关的硬件和软件资源，主要包括：

- 个人医疗信息：指的是通过医疗设备及可穿戴设备采集的与患者的身体状况相关的信息，比如智能手表采集的心率数据，胎心监护仪、心电监测仪、血糖检测仪等采集的数据。
- 医疗资源：指的是医疗信息系统、医疗设备等软硬件资源，比如医院的健康信息系统、理疗设备、核磁共振设备等。
- 医疗能力：指的是与医疗相关的诊断能力、康复能力等。

（2）数据互动层

数据互动层主要指的是对医疗相关数据的采集、传输和处理等，主要包括：

- 数据采集与处理：通过利用传感器、二维码及RFID标签等能够对对象进行识别，并采集所需的数据，比如历史病例数据、健康监测数据及诊断数据等。
- 数据传输：不同类型及来源的数据进行整合和处理后，借助于无线网络、移动网络等可以进行传输。
- 基础功能：包括数据管理、用户管理、知识管理、模型管理及服务管理等内容。
- 用户接口：主要用于服务请求交互、服务提供交互和平台运营交互。

（3）模型构建层

模型构建层主要指的是基于数据互动层对数据处理后所获得的信息可以建立相应物理对象的虚拟模型，比如医疗资源模型、医疗能力模型和人体健康模型。

在医疗健康的具体应用领域，物理对象与孪生模型能够根据需要进行实时的信息交互，从而实现了涵盖医疗全流程、全服务和全要素的物理设备、虚拟模型、云健康系统之间数据的集成。此外，模型构建层还具有服务管理、数据管理、知识管理和用户管理四种基础功能。

- 服务管理：主要指的是对配置医护人员、配置医疗资源及在线挂号等多种医疗服务的管理。
- 数据管理：主要指的是对数据存储、分析和传输等过程的管理。
- 知识管理：主要指的是对各种医疗健康知识的挖掘、搜索、存储、分析等过程的管理。
- 用户管理：主要指的是对用户基本信息、遗传信息等与医疗健康相关的信息的管理。

（4）功能层

在各种硬件与软件资源的支撑下，能够对医疗相关数据进行采集、传输和处理等操作，从而建构相应物理对象的虚拟模型，实现智慧医疗的多种应用。医疗数字孪生应用基本框架的功能层即用户可以通过手机或其他医疗设备等终端实现的应用。

以微信"服务号"为例，有需求的用户可以通过医院的微信服务号轻松办理诊疗卡、进行预约挂号或在线缴费等服务，这不仅减轻了医院的接诊压力，也改善了患者的就诊体验。示例如图14-3所示。

比如，通过在线问诊服务，患者可以将相关的医疗健康信息以文字、图片、声音或视频的方式发送给医生，医生进行诊断后可

图14-3 微信"服务号"预约挂号功能示例

以再将诊断的结果和健康建议发送给患者。不仅如此，基于在线问诊，医生也可以根据需要进行医疗资源的合理分配，为患者提供实时监控或危机预警等服务。

（5）安全系统与信息共享标准

整个医疗数字孪生应用基本框架的所有内容都需要符合安全系统与信息共享标准。

安全系统所负责的是数字孪生智慧健康应用框架各个层面的安全，比如用户个人信息和隐私的安全、应用的安全、相关医疗健康数据的安全等。由于医疗数字孪生应用基本框架处于联网状态，有可能遭受来自第三方的数据窃取、篡改或恶意攻击。在安全系统提供的保护下，智慧医疗系统就具备了应急响应、监控和管理等功能。

信息共享标准指的是智慧健康平台所需要遵循的规范和标准，只有这样才能够保证所有医疗健康数据采集、交换等流程的标准化，实现医疗健康信息跨应用、跨系统、跨平台的共享。

03 医疗数字孪生的应用与实践

数字孪生主要涉及数据采集、数据建模和数据应用三项内容，且融合了物联网、云计算、人工智能和扩展现实等多种先进技术，能够广泛采集并存储各项实时数据，并为各项相关医疗活动提供有价值的信息，同时也可以以数字化的形式来对物理对象进行呈现。

在医疗领域，数字孪生的物理对象主要涉及人体器官、组织、细胞、患者和医院环境等，数据源主要包括组学数据、检验指标、可穿戴设备、电子健康记录、人口统计学数据、生活方式数据等，医疗数字孪生中的数据管理平台示例如图14-4所示。

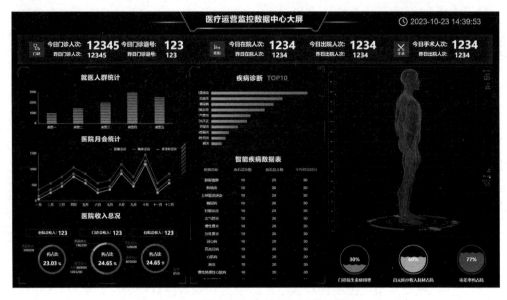

图14-4 医疗数字孪生中的数据管理平台示例

(1)精准医疗

在未来,精准医疗模式将代替传统医疗模式。精准医疗是基于高新技术,实现医疗标准化与个体化相统一的医疗模式,它可以针对病人和病情,搜集和分析患者的健康大数据,精确选择最适宜的治疗方案。

数字孪生可以根据各项患者数据为患者构建相应的整体视图,以便医疗工作者借此制订个性化的治疗计划,从而优化治疗效果,充分满足患者的诊疗诉求,提高患者的满意度。数字孪生技术可以对患者的症状和相关数据进行分析,并在此基础上模拟诊断场景,从而为医疗诊断工作提供支持,防止出现遗漏等问题,进一步提升诊断的准确性。

除此之外,数字孪生还可以实时采集可穿戴设备、物联网设备和远程监控系统中的各项数据信息,并通过对这些数据信息的分析来掌握患者状态,让医生能够及时发现并采取相应措施来处理患者状态异常或病情恶化等问题,为患者的健康提供一定保障。不仅如此,在数字孪生技术的作用下,医生还可以对患者进行远程管理,从而为患者就诊提供方便。

这种模式下的医疗方案，不仅能精确判断患者的病情，有效减轻患者痛苦，而且可以减少高新技术手段的盲目滥用，减少医疗资源的浪费，从而降低医疗成本，实现医疗资源的优化配置。

（2）健康监测与管理

利用数字孪生技术，能够在数字世界复刻一个数字机体，随时记录人体生理指标，准确预测可能会出现的病情。现如今医疗技术高超，已有一些可穿戴的设备被研发出来，这些设备通过传感器实时监测人体各项指标的变化，科学合理地监测和管理每个个体的健康状况。

数字孪生技术可以与机器学习算法和各类高级的分析算法融合应用，从而对数据中的模式、异常和相关性进行识别，提前发现慢病发展、潜在并发症、药物不良反应等健康风险，以便医疗工作者及时采取相应的措施进行干预，降低健康管理风险，为人们提供更有效的健康保障。比如，能够对预防措施、干预措施、生活方式、早期筛查等进行模拟，并对不同人群采取这些操作所获得的实际效果进行预测，找出能够从中获益的患者，也能够实现风险分层，进而为医疗行业进一步优化医疗资源分配、提升治疗效果和降低治疗成本提供支持。

数字孪生技术的应用，一方面可以构建个体疾病模型，模拟该患者的遗传因素、患病因素、生活方式和反应模式，以便提高预测的精准度，让医疗工作者可以有针对性地制定个性化的诊疗方案，并根据患者的实际情况采取相应的干预措施；另一方面使得患者状态更易被监测，医务人员可以实时获取各项患者数据，并将这些数据与正常健康人的参数进行比较，找出二者之间的偏差，找出健康风险，以便及时进行干预或治疗，从而通过提早治疗来防止患者病情加重，避免出现住院等情况，帮助患者节省医疗支出。

数字孪生技术具有十分强大的数据处理能力，能够对人口集体数据进行分析，让医疗保健系统能够根据数据分析结果进一步把握健康趋势、风险因素和疾病流行模式，并有针对性地对健康风险进行预防和干预，如公共卫生运动和疫苗接种计划等，提高人口健康管理的有效性，从整体上降低医疗保健系统的压力。

(3) 远程医疗

在 5G 技术快速发展的今天，远程医疗已成为许多医疗机构青睐的医疗模式。远程医疗监护系统正在逐步完善，通过监护终端设备和医疗传感器节点相结合，形成一个微型的监护网络。医疗传感器可以精确采集患者的生理指标，并及时传送给医疗监护中心，医护人员通过远程监控实时掌握并观察这些数据，为个体提供必要的咨询服务和医疗指导。

借助孪生数据和孪生模型，能够实现远程医疗，医生可以以可视化的方式诊断患者病情，确定患病原因，并制定相应的治疗方案，进而打破地域对诊疗活动的限制，为患者看病提供方便。对于医疗资源匮乏的偏远地区，远程医疗可以不受距离限制，为这些地区的患者提供高质量的医疗资源，同时也能够起到缓解医疗资源分配不均问题的作用。

04　基于数字孪生的智慧医院建设

数字孪生智慧医院（图 14-5）是一种由实体医院和虚拟医院融合而成的新型

图 14-5　数字孪生智慧医院（示例）

医院，能够综合运用各类先进的网络信息技术和自动化控制技术优化医疗资源配置，并进一步提高医疗服务质量、医护工作效率，以及医院管理的高效性、便捷性和准确性。

数字孪生智慧医院的出现符合医疗领域当前的发展需求和发展趋势，能够通过真实医院与虚拟医院之间的互通和互操作来为各项医疗活动提供支持，大幅提高医疗的数字化、精准化和智能化程度，促进医疗领域快速发展。随着技术的不断进步，未来，数字孪生医院将覆盖完整的医疗生态，同时也能够进一步增强自我生长能力，利用各种前沿技术实现持续升级发展。

数字孪生智慧医院中融合了多种先进的数字技术，具有自我成长、持续进化和无边界衍生等特点，能够将物理世界中的事物映射到虚拟世界当中，打破虚实界限。一般来说，数字孪生智慧医院主要在数字孪生院区、科学智慧就医和数智化运营等方面发挥作用。

(1) 智慧孪生院区

① 院区楼宇孪生

智慧孪生院区可以借助基于数字孪生技术的院区楼宇模型来开展各项楼宇管理工作，以智能化的方式对楼宇内部的温度、湿度、空气质量等进行实时监测，对楼宇的能耗情况进行控制，减少在能耗方面的成本支出，提高管理的智能化程度。不仅如此，智慧孪生院区还融合了三维可视化技术，能够监测院区楼宇的消防安全情况，并在发现问题时及时进行可视化预警，提高楼宇的安全性。

② 智慧停车场

智慧孪生院区中融合了物联网等多种先进技术，能够根据各项数据构建停车场的三维场景，并对停车场中的车位余量进行三维显示，同时也能够充分发挥智能停车系统的作用，实现反向寻车、智能三维停车引导和车辆智能管理等功能。

③ 智慧安防管控

智慧孪生院区可以利用数字孪生技术来对医院进行实时监测，并在发现安全问题后及时通过预警系统发出预警信号，为医院的安防管理提供保障。例如，智慧孪生院区可以整合监控系统所采集的视频数据，并将这些视频数据实时融入三维场景当中，实现实时实景三维视频融合和地上地下一体化，让相关工作人员可以通过一块屏幕进行管理和指挥，为安防管控工作提供方便。

④ 医疗设备管控

智慧孪生院区可以利用数字孪生技术对各类医疗设施进行建模，如诊室、手术室、检验室和病房病床等，也可以对各项设备的数量、位置、厂商、维修情况、维修记录、保养情况、出租情况等进行三维可视化呈现，还可以利用物联定位系统来对各项医疗设备进行三维智能追踪管控，从而进一步增强医疗设备的使用效能，并实现高效率的资产管理。

（2）科学智慧就医

① 智慧门诊

数字孪生智慧医院具备多种医疗应用场景，如虚拟诊室、AI 辅助诊疗和 5G+ 智能导诊等，能够为患者提供便捷的医疗服务。同时，装配有 5G 网络，能够确保信息传输的速率和稳定性，利用 5G 网络来提高需求响应速度，打造门诊服务闭环，提高患者服务的全面性。

② 智慧住院

5G 网络具备低时延、大连接、高速率等特性，数字孪生智慧医院可以充分发挥 5G 网络的特性，并在此基础上综合运用病房物联网平台和 5G 终端设备对智慧病房进行全面优化，也可以充分发挥 5G 网络和各项先进设备的作用，实现移动护理、床旁交互、智能体征监测、智能输液监测和病区呼叫预警联动等诸多功能，从而为患者提供全连接、全时空、全感知的智慧住院服务，优化患者的住院体验。

③ 智慧播报

数字孪生智慧医院中的广播模型在位置、工作状态等各方面均与实际播报设备一致，且模型中包含设备厂商、运维人员联系方式等各项相关信息，医院的相关工作人员只需点击模型就可以对各项信息进行查看，且智慧医院中所有的三维场景都能够显示出信息播报屏的位置，相关工作人员可以据此查询各个屏幕的位置，进而实现对屏幕的精准、高效定位。

④ 智慧病房

数字孪生智慧医院能够对病房内部的温度、湿度和空气质量等进行实时监测，并以智能化的方式调控病房能耗，从而提高病房的舒适性。在数字孪生智慧医院中，智慧病房能够对床位的使用状态进行直观呈现，相关工作人员只需点击床位就可以获取该床位所对应的患者的各项基本信息和患病状态信息。不仅如此，智慧病房还具备患者物联网报警功能，能够在大屏上显示报警提示，以便及时为病房中的患者和家属提供帮助。除此之外，数字孪生技术在智慧病房中的应用还能够为医院管控病房中的各项设备提供支持，以便进一步提高设备利用率和设备维护效率。

（3）数智化运营

① 虚拟实景导览

医院中的医务工作者和患者均可以通过三维可视化地图来获取病房、诊室和手术室等医疗设施的位置信息，各位医务工作者也可以借助三维导航功能来进行定位，以便迅速找到目的地，提高工作效率。

② 资源智能配置

数字孪生智慧医院可以充分发挥数字孪生技术的作用，模拟医院中的各项资源，并对资源配置进行优化。具体来说，数字孪生技术可以对医院中的各项资源的使用情况进行模拟，如医生、护士、病床、手术室等，在此基础上找出资源方面存在的各类问题，如利用率较低等，并生成有针对性的优化方案，以便进一步提高医疗服务的质量和效率。

③ 科研智慧支持

数字孪生智慧医院中拥有智慧教育平台和临床试验一体化平台，且能够为医疗行业的从业人员提供虚拟示教服务，以智慧化的方式进行医疗教研，为医疗行业培养更多优秀人才。以手术过程模拟为例，医生可以通过模拟操作来提高手术操作熟练度，进而达到提高手术成功率的效果。与此同时，数字孪生技术的应用也能够在一定程度上提升医学影像分析的高效性和准确性。

④ 智慧运营管理

数字孪生智慧医院能够广泛采集和应用各类医院数据，并在此基础上统一管理医院中的各项资源，如人、财、物等，让医院的相关管理人员可以借助三维可视化来全方位地把握医院运行态势，提升医院的运营管理能力，进而实现智慧化的运营和管理。

第15章 智慧能源：大数据驱动能源变革

01 智慧能源概念内涵及产业链

能源是经济发展不可或缺的一项要素。近年来，全球能源消费量越来越高，能源供应面临短缺困局，为了实现经济可持续发展，我国需要及时采取措施确保能源供应的稳定性，同时也要进一步提高能源利用效率，降低能源消耗成本，并加大环境保护力度，减少环境污染。

（1）智慧能源的概念与特征

智慧能源融合了大数据、物联网、人工智能等多种先进技术，支持以智能化的形式进行生产、传输、存储和使用。智慧能源中包含多种能源资源，并对这些能源资源进行了优化处理，能够高效利用各项能源，提高能源利用效率，减少能源浪费和环境污染，促进经济可持续发展。

智慧能源主要具备以下几个特点，如图 15-1 所示。

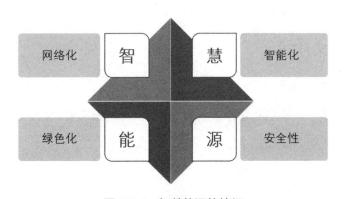

图 15-1 智慧能源的特征

- 网络化：智慧能源中融合了物联网技术，能够利用物联网连接起各项能源设施和设备，支持各项设备设施进行信息交互和数据共享，并在此基础上实现对各项能源设施和设备的实时监测与管理。
- **智能化**：智慧能源中融合了大数据和人工智能技术，能够以智能化的方式对能源全生命周期进行管理和优化，提高能源生产、传输、存储和使用等各个环节的智能化程度。
- **绿色化**：智慧能源的对象大多为可再生能源，可以进一步优化能源使用方式，提升能源利用效率，以便推动能源生产和能源使用走向绿色化与低碳化，达到保护环境的目的。
- **安全性**：智慧能源重视安全性和稳定性，能够提高能源系统的安全性和可靠性，为能源生产、传输、存储和使用等各个环节提供安全保障。

智慧能源可以在能源生产、传输、储存和使用等多个环节发挥作用。具体来说，在能源生产环节，智慧能源可以充分发挥各类清洁能源和可再生能源的作用，推动能源向绿色化的方向发展，提高能源的可持续性；在能源传输和存储环节，智慧能源可以充分发挥大数据和物联网等先进技术的作用，提高能源管理的智能化程度，以智能化的方式对能源传输和能源存储工作进行优化；在能源使用环节，智慧能源可以充分发挥智能家居和智能电网等技术的作用，提高能源利用的高效性，减少能源浪费。

（2）智慧能源产业链

智慧能源生态体系如图15-2所示。智慧能源全产业链环节可以分为上游、中游、下游三部分，分别对应能源开发与获取、能源信息采集与处理、能源的智慧化综合应用及检测认证三个层面，如图15-3所示。

① 上游

能源开发与获取，主要包括对水能、太阳能、煤炭、石油、天然气等原始能源资源进行开发，通过水电站、光伏电站、火电站等基础设施将原始能源转化为可供利用、存储的能源（如电能、汽油等）。这一环节主要涉及新的能源采集技术、转化技术的研发。

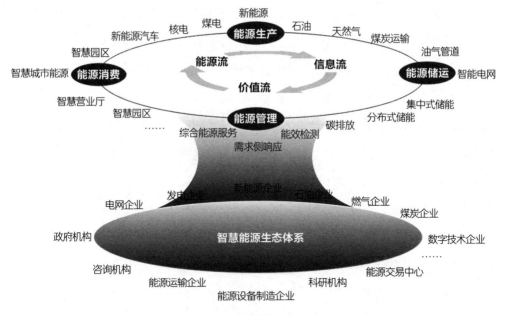

图 15-2 智慧能源生态体系

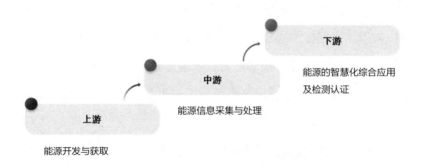

图 15-3 智慧能源产业链

② 中游

能源信息采集与处理贯穿于能源全生命周期。依托计算机技术、网络通信技术、传感技术等，获取能源开采、转化到传输环节的信息，实时监控流程运行情况。通过可视化技术将数字语言转化为图像信息，辅助工作人员对各环节进行管理。

③ 下游

能源的智慧化综合应用及检测认证，以中游的能源信息采集、传输、分析计算作为支撑,并连通需求侧信息,通过智能系统对相关环节进行调控,构建以能源需求侧为导向的新产业模式,并建立相应的检测认证及标准规范。

目前,智慧能源产业还处于由传统能源产业模式向智能化应用转型的阶段,其解决方案不仅要求相关能源技术与现代新兴的智能化技术相融合,还要形成相应的配套技术服务模式,以推动智慧能源产业新业态的发展。根据产业需求,引入大数据、云计算、人工智能、物联网、边缘计算等技术,构建覆盖能源生产、传输、存储和消费全流程的安全、环保、高效的智慧能源体系。

能源产业链中主要包含"云、网、端"三大环节,涉及设备供应商、解决方案提供商、云厂商和运营商等参与主体。在传统的产业模式下,各主体分工明确,可以保持良好的协作关系。比如,处于上游的设备供应商为解决方案提供商提供所需设备,后者则基于软件能力和能源领域专业技术,对接下游运营商或客户,为其提供一体化的解决方案,实现资源在各种具体场景的有效利用。

随着能源产业的转型,产业链中的参与主体也主动抓住机遇,积极进行智能化、数字化转型,拓展能力边界和业务范围,以便充分享受智慧能源产业带来的红利。就目前来看,可以分为智慧电力、智慧矿山、智慧燃气、智慧油田及智慧城市供应等主要"赛道",各赛道都涌现出了一批生机勃发的代表性企业。

02 智慧电网大数据的特征与技术

电力系统在运行的过程中会迅速产生各种类型的海量数据信息,而传统的数据处理技术难以满足爆炸式增长的数据量的处理需求。大数据技术能够在合理时间内采集并处理巨量的数据资料,因此可以应用于电力系统中,提升电力系统运行的数字化、智能化水平。

(1) 智慧电网大数据的特征

智慧电网在运行中产生的数据按来源可以分为以下两种:

- **内部数据**：主要是来源于配电管理系统、生产管理系统、客户服务系统、数据采集与监控系统等电力企业内部的各个关键应用系统的数据。
- **外部数据**：主要是来源于互联网、地理信息系统、气象信息系统等电力企业外部的数据，具有分散性和不同的管理单位。

由此可见，智慧电网数据及其来源都是多种多样的。在电力系统中，有越来越多的半结构化数据和在线监测系统中的图像数据、在线监测系统中的视频数据、客户服务系统中的语音数据等非结构化数据，但这类数据具有采样、频率、生命周期多样化、数据量大、价值密度低的特点。

（2）智慧电网大数据技术

① ETL 技术

电力系统中的数据具有数据量大、类型多样、分布范围广的特点，不便于数据处理，因此必须以"数据集成和抽取→数据转换→数据剔除→数据修正"的标准化处理流程来完成数据处理工作。

一般来说，电力企业会在数据集成环节使用 ETL（Extract-Transform-Load，抽取、转换和载入）技术。该技术能够抽取（Extract）相关的多源异构数据，并根据标准进行清洗转换（Transform），最后加载（Load）到对应的数据仓库之中。各环节的内涵如下：

- **Extract**：数据抽取，即从数据库中抽取目标数据的过程。
- **Transform**：数据转换，即将抽取出的数据转换成其他形式的过程，在进行数据转换时，还要清洗或加工数据源中的偏差和错误数据。
- **Load**：数据载入，即加载经过转换、清洗、加工的数据，并在数据仓库中进行保存。

② 数据分析技术

大数据技术的核心是信号和数据之间的转换。对于电力企业来说，借助大数据平台处理、分析、转换数据，并提取有用的信息，有助于实现更好的决策和行动。例如，德国利用数据分析关键技术在太阳能的推广中为决策提供参考，让使用太阳能的电力用户向电网输送多余的电能，从而帮助电力企业实现增加经济利益的目的。

③ 数据处理技术

在电力领域，数据处理技术常被用于分库处理、分区处理或分表处理采集到的大量数据。其中，数据分库处理指的是以处理原则为依据，把利用率高的数据分门别类地输入到各个数据库中，从而让数据库中的数据的利用率更高。数据分区处理指的是为了降低大型表压力、增强数据访问性能、优化运行状态向各个文件中载入通表数据的操作。数据分表处理指的是为了降低单表的压力，以各类数据的处理原则为依据，制作适用于不同数据处理情况的数据表的操作。

④ 数据展现技术

智能电网的数据处理运用了三种数据展现关键技术，分别是可视化技术、历史流展示技术、空间信息流展示技术。在电力数据处理中运用这三项技术，有助于企业管理者准确认识和把握电力数据的意义及电力系统的运行情况。

- 可视化技术通常被用于对电网运行状态进行实时监测和控制，有助于增强电力系统的自动化功能。
- 历史流展示技术通常被用于对电网历史数据进行管理和展示，有助于实时监测电力生产现场的数据，预测电网规划数据和负荷预测数据等多种数据的趋势。
- 空间信息流展示技术通常被用于虚拟现实和变电站三维展示等电网参数和地理信息系统的融合中。

对企业来说，进入大数据时代后更要持续提升自身能力，构建并优化自身的电力大数据平台，彻底挖掘数据价值，并使用各种关键技术强化智能电网处理电力大数据的能力，从而增强企业的竞争力，并让电网更稳定地运行，创造更高的经济效益。

03 大数据在智慧电网领域的应用

大数据技术应用于电网系统中,有助于构建智慧电网。在智慧电网中,大数据技术的应用,一方面可以实时监测系统运行数据,根据需要进行调度和智能化控制;另一方面也可以基于对相关数据的分析预测企业等主体的用电需求,从而减少能源浪费。具体来说,大数据在智慧电网中的应用主要体现在以下几个方面。

(1) 大数据在能源生产端的应用

能源生产端包括自然界中未经加工转换的一次能源(原煤、原油、水能、风能、天然气、太阳能、地热能等)和利用一次能源制取的二次能源(汽油、煤油、煤气、电力等)。新能源技术的进步推动了电网运行管理模式的革新,因此,大数据在智慧能源领域的应用逐渐增多,有效提高了电网运行、能源调度和供电等方面的经济性、安全性和稳定性。

比如,大数据技术的应用贯穿光伏发电站的整体规划、投资建设、经营管理等各个环节,其相关应用可以实现即时数据监测、在线免费分析、资源生产调度、年发电量仿真模拟、电力工程市场交易、机器设备状态监测和故障诊断等诸多功能,能够通过大数据分析和构建智能模型等方式为关键流程的量化分析和管理决策及资产的持续化管理提供支撑,进而为光伏发电站的投资方、制造商和运营方等各个参与方提供更加优质的服务。

除此之外,由于风力发电和光伏发电都属于受天气等因素影响较大的发电方式,存在间歇发电、并网电量波动性大、可调节性低等特点,不能大规模并网运行。风力发电应充分考虑天气对发电设备的影响,确保发电站和电力系统运行的安全性和稳定性。具体来说,就是要充分利用大数据建模分析等技术手段,通过对实时气象数据、发电站运行状态数据等数据信息的全面分析,为电网安全稳定运行和电力可靠供应提供保障。

（2）大数据在能源消费端的应用

能源消费端指的是使用电力能源的用户。随着电力改革的层层推进，电力产业链的各个环节变得越来越具体，电力交易的类型、周期、方式及电力市场的格局等与从前大不相同，用户也表现出个性化的用电需求。因此，发电和售电企业必须提高自身的能力，积极应对电力改革带来的挑战，优化服务质量，提高服务的针对性，实现以用户需求为中心的服务，从而降低交易风险。

随着制造行业的转型发展，能源消费端形成了通过优化电力负荷管理来控制资源的管理方式，使用这种管理方式有助于及时反馈管理情况，从而进一步提高电源端和电网端供电的灵活性。

由此可见，在服务方面，既要保障电力供应，满足用户的电力需求；也要积极探索节能降耗的方法，帮助用户降低用电量，进而减少在用电方面的支出。具体来说，应充分利用智能终端，并通过互联网向用户发送电费、天气情况、交通情况、节能方案等信息，为用户提供更加全面、更贴近生活的服务。此外，还可以借助大数据精准分析用户的用电特点，并以此为依据对电力工程配置计划方案进行优化。

（3）促进"源网荷储"协同调度

随着电力市场的逐渐成熟，电力系统可以在不调节常规电源出力的情况下，通过市场调控的方式从用户端改变负荷，进而达到保持需求侧负荷与发电侧出力动态平衡的目的，从而实现系统电量平衡。

电网、电源、负荷、储能之间的协同调度与实时电价、负荷削减电量范围、电网线路输送能力、新能源电力波动幅度等诸多因素息息相关，因此若要优化"源网荷储"协同调度，就必须借助大数据技术探索清楚各数据的内部关联，并在最大程度上优化调度方案。与传统电网相比，智能电网具有信息双向流动的特点，在特定的框架中，"源网荷储"之间的各类信息可以流畅地交互，因此智能电网在运行可靠性和经济性等方面占有更大的优势。

各类新兴技术的发展和应用推动了能源结构的快速革新，传统的电网规划方式已经无法满足新的能源结构在电网规划方面的需求。因此,智慧能源建设应充分考虑分布式能源接入、电动汽车数量上涨、用电服务的多样化等诸多因素对电网规划的影响,并借助大数据技术采集、分析和利用各类数据,进而提高电网规划的确定性、科学性、合理性和有序性。

04 能源企业数字化转型实践路径

能源企业的数字化转型离不开对技术、组织和管理等多项内容的全方位创新。在推进数字化转型工作的过程中,能源企业既要根据自身实际情况确立发展目标,制定发展规划;也要顺应数字技术与产业变革的宏观趋势,确保自身的转型发展符合能源产业数字化发展路径。

具体来说,在推进数字化转型工作和建设新型能源体系时,能源企业可以选择从以下四个方面入手展开实践,如图15-4所示。

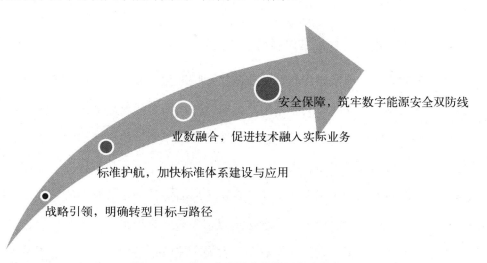

图15-4 能源企业数字化转型实践路径

(1)战略引领,明确转型目标与路径

对能源企业来说,数字化转型涉及生产、供应、储存、运输、销售等多个环节。各个能源企业在战略目标、业务领域和生产经营活动特性等多个方面存在许多不同之处，在数字化转型的需求和路径方面也各不相同。一般来说，为了有序推进数字化转型工作，并获得良好的转型效果，能源企业需要进行科学合理的战略规划制定和目标路径设计，并在这一过程中注意以下三项问题：

- 数字化转型的战略规划和目标路径应融入能源转型发展的宏观战略。
- 数字化转型的战略规划和目标路径应顺应数字技术和能源技术的融合趋势。
- 数字化转型的战略规划和目标路径应符合企业经营战略和业务发展规划。

现阶段，新型能源体系的建设速度正不断加快，各种能源技术层出不穷，绿色能源和智慧能源蓬勃发展。在确立数字化转型的战略规划和目标路径的过程中，能源企业需要提升二者的前瞻性，并对技术路线、系统架构和转型方案等进行优化，从而为自身实现数字化、低碳化、绿色化、高效化发展提供强有力的支持。

（2）标准护航，加快标准体系建设与应用

为了确保能源企业数字化转型的规范化和标准化，我国需要进一步优化和完善数字化标准体系，深度落实各项相关标准，并加强对能源数字化标准的监督。

a.应充分把握构建能源数字化标准体系的原则和要求，以能源数字化的发展趋势和未来战略愿景为重要参考与目标。综合考虑国家、行业、团体、地方及企业等多个层面的各项相关标准，构建包含多个层面的各项相关标准的数字化标准体系。与此同时，还要协调好与标准体系建设相关的各项工作，完善相应的协调推进机制，将标准化工作纳入能源数字化发展相关政策当中，并深入贯彻落实各项标准化工作。

b.应支持各个能源数字化相关组织（如协会、企业、科研院所等）制定和研究能源数字化相关标准体系。进一步完善能源数字化标准工作机制，优化能源数字化服务体系，同时加大人才培养力度，建设标准化的专业服务机构，培养标准

化的技术技能人才，并加强标准化国际合作，为能源数字化标准建设工作筑基。

c. 应提高能源科技创新互动的有效性和标准化程度。为能源先进装备与信息技术、低碳技术的融合制定相应的标准，并深入贯彻落实这些标准，确保融合的规范化，同时以智能制造、智能电网、能源大数据和能源互联网等重点领域为中心，展开各项标准化专项行动。

d. 应进一步提高能源企业的标准化能力。搭建并完善企业标准信息公共服务平台，优化对标达标工作机制，建立标准合作机制，为企业与其他组织（如协会、科研院所、产业链上下游企业等）之间的合作提供支持，确保合作的标准化程度，并在此基础上加强对标准创新型企业的培育。

（3）业数融合，促进技术融入实际业务

为了提高数字化转型的有效性，能源企业需要将自身业务与数字技术深度融合，利用数字技术为能源生产、供给、储存、销售等各个环节中的各项业务提供支持，以便提高能源生产效率，获取更大的经营效益。

a. 应积极建设能源大数据中心等新型数字基础设施，并将各类新兴信息通信技术（如能源数据存储、能源数据计算和能源数据分析等）融入其中，构建包含各项能源数据要素的应用平台，在硬件层面为能源企业的各项生产和经营活动提供支持。

b. 应充分把握能源企业所在领域的技术发展趋势，从能源企业的实际情况出发，按部就班地进行技术创新。具体来说，在能源生产环节，可以充分发挥各类创新型能源技术的作用，如地热能、负碳生物质能、先进风电光伏、清洁高效灵活煤电等；在能源供给环节，可以利用智能电网、多能互补等技术来进行能源传输；在能源储存环节，可以灵活运用各类储能技术，为能源企业提供支持；在能源销售环节，可以充分发挥电能替代、虚拟电厂、需求响应和综合能源利用等多种先进技术的作用。

c. 应提高能源企业的专业技术与新一代信息技术在发展上的协调性，推动两项技术融合发展，并支持能源企业建立产学研协作的人才培育体系，加强人才引进和人才培养，以便获得更多同时掌握两项技术的复合型技术人才，以及具备突出的管理才能的复合型管理人才，打造复合型人才团队，同时也要鼓励企业支持各部门互相协作，加大员工培训力度，提高员工的数字化应用能力。

（4）安全保障，筑牢数字能源安全双防线

在数字化转型过程中，能源企业需要着眼于全局对各项工作进行统筹和协调，切实保障数字安全和能源安全。

a.在战略制定环节，能源企业需要了解各项相关法律法规，并据此建立安全管理制度，设计安全管理细则，确保整个业务流程中所有涉及安全管理的操作都具有相应的管理规范，且符合各项相关规定的要求，同时也要加强对数字安全的重视，将数字安全融入安全生产管理制度体系中。

b.数字安全和能源安全的管理与保障是一项关乎多个方面的系统工程，通常涉及技术、资源、业务、团队、流程、管理等多项内容，以及企业中的多个部门、业务板块和行政层级。为了切实保障数字安全和能源安全，能源企业需要确保相关组织架构、工作流程及沟通协调机制的科学性、合理性和有效性。

c.能源企业需要根据自身实际情况来进行风险监测和预警，并在此基础上建立风险能源清单，同时也要对各类风险进行分析，以便预测风险发生场景，评估风险发生概率和风险的影响，并据此确立相应的风险协同控制策略，建立风险协同控制机制。

第16章 智慧交通：赋能交通治理新模式

01 智慧交通系统的优势与体系架构

随着 5G 通信和物联网技术在交通领域的深化应用，智能交通物联网系统能够在城市交通综合管理中发挥重要作用。通过该系统，可以实现对电子摄像头、交通信号灯等设备的远程操控，基于数据交互能够对交通基础设施进行智能化、自动化改造，建立更加高效、便捷的交通管理模式，从而有效提高交通运行效率。

简单地说，物联网就是构建连接物与物的数据交互网络。物联网依托于网络通信技术，将传感器采集到的相关作业设备数据或环境数据传输到中心系统，并进行存储、分析与计算，再将相关指令反馈至设备，从而实现对作业设备的实时监控、自动预警、远程控制。

（1）智慧交通系统的优势

智慧交通系统中融合了传感器、数据采集、智能算法和实时数据分析等多种技术，具有较强的综合性，能够以智能化的方式对交通系统进行管理和优化。智慧交通系统的框架如图 16-1 所示。

具体来说，智慧交通系统主要具备以下几项优势。

① 实时监测与预测

智慧交通系统可以对各项交通数据进行实时监测，如交通流量、车辆位置等，并利用数据分析技术对这些数据进行分析，以便掌握当前的交通状况，同时也能充分发挥预测算法的作用，对出现交通拥堵问题的可能性进行预测，并根据预测结果及时采取相应的措施进行风险防范。

② 智能信号控制

智慧交通系统可以根据实时交通信息自动调整交通信号配时，提高路口通行效率和交通流动性，缓解交通拥堵问题，为人们的出行提供便利。

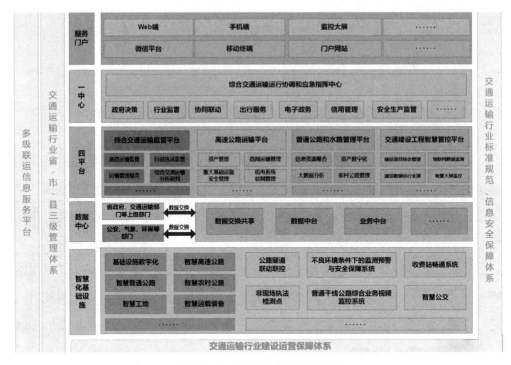

图 16-1 智慧交通系统的框架

③ 智能导航与路径规划

智慧交通系统具有导航功能，能够以智能化的方式对行车路线进行规划，为驾驶员提供最佳路线，帮助驾驶员避开拥堵路段，减少通行时间。

④ 交通数据分析与决策支持

智慧交通系统可以广泛采集各项交通数据，并对这些数据进行分析处理，以便在数据层面为交通管理部门和城市规划人员的工作提供支持，提高交通管理的效率和城市规划的合理性。

（2）智慧交通系统的体系架构

智慧交通系统的体系架构主要包括感知层、传输层和应用层三个层面：

- 感知层是物联网实现万物互联的基础，通过合理部署感知模块，可以实现对交通设施、交通环境的全面感知。

- 传输层通过标准化的通信协议，构建连通相关感知设备、交通设施和计算中心的通信网络。
- 应用层则是将处理后的数据转化为可视化的图表、图像，辅助工作人员进行统筹管理与维护。

① 感知层

在智能交通物联网系统的感知层，可以根据不同职能部门的需求进行数据采集，其数据主要可以分为交通管理类、公安交警类和城管政务类等。同时，数据类型所对应的采集设备也是多样的，例如可以利用激光雷达传感器、高清摄像机、地磁传感器、智慧道钉等设备采集到交通管理类和公安交警类需求数据。

② 传输层

传输层的通信网融合了有线传输和无线传输两种方式。5G通信技术的应用，能够为智能交通物联网系统精准赋能。其主干网包含公有网络和专用网络，基于5G通信技术大连接、大流量、低时延的特性，可以支持大量终端感知设备的接入，并将交通流量监测、边坡监测、违章监控等视频、图像动态监测数据及时传输到管理平台。此外，可以支持控制指令的下发，工作人员可以实时远程操控与管理设备。

③ 应用层

智能交通物联网系统中的应用层集多个子系统为一体，根据不同智能管理部门的需求，并结合相关智能算法，对大量的数据进行分析整合，充分挖掘有效信息，有利于促进交通系统及相关基础设施的数字化、智能化管理。同时，基于人工智能算法，控制系统通过深度强化自主学习，在一定程度上可以对各个子系统进行统筹与协同管理，并对异常事件进行识别预警，辅助工作人员及时处置。

02 智慧交通系统的构成及功能

智能交通运输系统融合了信息、网络、传感器、自动控制和计算机处理等多种先进技术，能够通过信息化、智慧化的方式在最大限度上发挥交通基础设施效能。近年来，互联网、传感器、移动通信等技术飞速发展，物联网也逐步被应用到交通领域当中，并显示出了十分广阔的发展前景。具体来说，智慧交通系统主要包括以下几个子系统，如图 16-2 所示。

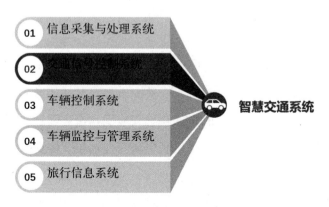

图 16-2　智慧交通系统的构成

（1）信息采集与处理系统

智慧交通系统中包含信息采集与处理系统，能够利用雷达、摄像头和传感器等设备实时采集各项数据信息，如道路交通的流量、速度、密度、占有率等数据，天气状况、路况等相关信息，并对这些数据信息进行分析，以便交通管理部门和各类出行人员据此做出相应的决策。具体来说，交通管理部门可以根据实时交通流量数据来对信号灯配时进行灵活调控，提高路口通行效率；各类出行人员可以根据实时路况信息来制订出行计划。

（2）交通信号控制系统

智慧交通系统中包含交通信号控制系统，能够根据交通流量和路况等信息对信号灯配时进行实时调控，为确保道路畅通提供一定的支持。与传统的交通信号控制系统相比，智能化的交通信号控制系统对信号灯配时方案的调整具有动态化的特点，灵活性更强，能够确保信号灯配时方案始终符合交通流状况。不仅如此，交通信号控制系统还可以与公交优先系统、紧急车辆优先系统等多个系统协同作用，共同对道路交通进行管理，并赋予特殊车辆优先通行权。

（3）车辆控制系统

车辆控制系统是一种具备刹车制动等多种控制功能的系统，大致可分为汽车自动控制系统和驾驶辅助控制系统两类。其中汽车自动控制系统能够让自动驾驶汽车在没有驾驶员的情况下自动行驶，驾驶辅助控制系统能够在汽车行驶过程中发挥辅助作用，帮助驾驶员实现安全驾驶。

具体来说，车辆控制系统能够利用自动驾驶汽车中装配的雷达和红外探测仪等设备来对障碍物进行感知，并精准计算出车辆与障碍物之间的距离，同时通过车载电脑来发出警报或紧急刹车，防止出现交通安全事故。不仅如此，车辆控制系统还能够感知道路信息，并根据路况对行车速度进行调整，确保车辆安全平稳运行。

（4）车辆监控与管理系统

车辆监控与管理系统是道路、车辆、驾驶员三者之间进行实时信息交流的通道，能够高效采集交通状况、交通环境、天气状况、交通事故等信息，并将这些信息实时传送给汽车驾驶员和交通管理人员，进而充分确保交通安全、道路畅通。

该系统借助汽车中装配的车载电脑和高度管理中心计算机来连接网络和全球定位系统，提高车辆的通信能力。此外，该系统还能够实现大范围车辆控制，将全国的车辆纳入控制范围当中。商业车辆、公共汽车、出租车等多种车辆的驾驶员都可以通过运营车辆高度管理系统与调度管理中心进行通信，进而达到提高运营效率的目的。

（5）旅行信息系统

旅行信息系统是一种专门服务于外出旅行人员的交通信息系统，能够通过电脑、电视、电话、路标、无线电、车内显示屏等多种设备向外出旅行人员传递各类交通信息,让外出旅行人员可以通过多种方式、借助多种媒介及时获取所需信息,进而为出行提供方便。

03 物联网在智慧交通中的应用

智慧交通系统中的物联网感知层除了运用到各类感知器,还综合运用了射频识别(RFID)技术、卫星定位系统、图像识别技术等,可以有力推动交通管理方式的改进和交通效率的提高。智慧交通物联网框架结构,如图 16-3 所示。

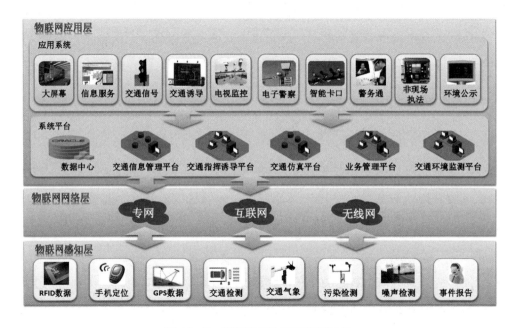

图 16-3　智慧交通物联网框架结构

（1）基于传感器技术的智慧道钉系统

智慧道钉是一种布设于路面的安全警示设施,广泛应用于高速公路、十字路口、急转弯道等场景中,用以警示驾驶员注意道路分界线、人行横道及道路弯道等情况。智慧道钉集成了电池、太阳能储电模块、LED 灯、地磁传感器、网络通信模块等软硬件设施。

通过网络通信模块，可以将地磁传感器采集到的交通数据上传至中心平台，平台基于相关算法可以计算出车辆的速度、移动状态、停留时长等，并根据交通规则或临时需求（例如道路封控、道路施工等）对车辆进行诱导，为交通通行安全提供保障。

（2）基于卫星定位技术的交通信息采集及通信

卫星定位技术在交通信息采集与智能交通管理中发挥着重要作用。相关管理部门可以通过"浮动车"来获取道路交通信息。浮动车通常是指配置了卫星定位系统并处于移动中的车辆。利用卫星定位系统，可以对车辆位置、运行速度、行进方向等信息定期记录，并通过数据处理模块依据相关算法对记录数据进行分析整合，从而了解到浮动车途经路段的交通情况。

准确、高效地采集交通信息是智能交通管理的基础条件之一。卫星定位技术除了运用在浮动车信息采集中，还可以结合 OBD（On-Board Diagnostics，车载自动诊断）系统、无线通信技术，实时采集和监测路况信息。与传统的交通信息采集技术相比，依托于卫星定位技术的信息采集方法更为高效、准确，能够为交通管理部门提供高时效性、高可靠的交通数据。

（3）基于图像识别技术的路网交通建设

随着高清成像技术和智能人像识别、图像识别技术的发展，图像识别感知在智能交通管理中的应用逐渐成熟并取得了一定的成功，这为智能交通物联网系统提供了重要的技术支撑，有助于推动智能路网交通的建设。

通过在重要路口、存在视野盲区的弯道、隧道或其他易发生危险的路段部署全景高清摄像机、事件检测摄像机等前端数据信息采集设备，并结合智能化的图像识别系统，对车辆通行过程中的压线、超速等违章行为进行无间断的监测，如果发生违章，可以通过相关数据处理模块与通信模块将车辆数据和现场图像上传至管理平台，以便于对违规行为进行追责。

同时，可以在监测区域附近的一定范围内设置交通信息发布屏，将摄像机采集到的区域内通行量、拥堵情况、事故和违章等信息整合处理后进行公示，从而发挥交通诱导作用,使车主及时了解前方路况,合理地规划行驶路线,并提高安全驾驶意识,避免在同一场景中出现违章行为。

另外,基于智能化图像识别技术,各类摄像机可以识别监控范围内车辆异常、交通事故等情况。如果发生此类紧急事件,相关感知前端可以迅速将现场情况反馈至数据处理中心和交通指挥中心。交通管理人员接收到预警信息后,能够第一时间调度现场交警和救援人员进行事故处置。

基于区域内各个路段的摄像机采集到的交通数据,智能交通管理系统可以综合周边路网交通情况和相关算法,自动调整区域内的信号灯配时方案,以缓解路网内某一路段的通行压力,同时也可以辅助管理人员制定合理的交通疏导策略,强制疏导交通。目前,基于图像识别技术的物联网感知,在保障交通出行安全、促进车辆规范行驶、提升交通运行效率等方面已经体现出了其强大的辅助作用。

智能交通建设不仅涉及交通管理部门,还需要公安、城市管理等部门的通力合作。随着 5G 通信、物联网、大数据、云计算等技术在智能交通领域的深化应用,智能交通物联网系统可以根据各部门的业务需求,实现不同部门之间的从感知层、传输层到应用层的信息共享与互联互通。

智能交通是智慧城市建设的重要方面,交通出行的智能化、高效率有助于树立良好的城市形象,可以大幅提高人们的出行体验,提高居民的幸福感和归属感。智能交通物联网系统在城市交通智能化综合管理中发挥着基础性作用,在未来,可以协同车联网、自动驾驶等新兴技术,促进交通运行、交通管理模式的变革,共同推动智慧交通、智慧城市的建设。

04　基于 IoT 的交通监控与管理

将通信设备、计算设备及传感器等应用于交通系统中,不仅能够实时采集交通运行的各项相关数据,对交通运行情况进行监控;还能够预测交通运行规律,对通行线路进行优化。因此,智慧交通系统能够有效提升交通系统的可控性和安全性。其中,物联网在智慧交通系统中的作用至关重要,主要体现在交通监控和交通管理两大应用场景中。

（1）智能交通监控

对交通情况的实时监控是进行交通管理的基础，而基于物联网技术的智能交通监控，拓展了监控范围和形式，有助于及时、全面地获取交通流量、拥堵情况、事故情况等交通信息，不仅可以节约人力成本，大幅提高监控效率，还能够保障交通数据获取的实时性、准确性和可靠性，为驾驶员和交通综合管理部门提供高质量的交通数据服务。

① 车流监控

依托于车载卫星定位系统和全景高清摄像头、事件检测摄像头等路侧传感设备，可以实时采集区域内的车流情况，通过统计或计算车流通行量、平均车速、路段通行时长，对交通拥堵情况进行综合评估，并将结果反馈到车载终端、移动终端、路侧电子显示屏和交通管理系统中。比如，百度、谷歌等地图导航系统可以为用户提供相关线路的平均通行时长或平均车速，道路旁的交通电子显示屏也会显示区域内的实时交通情况，以辅助驾驶员规划路线。

② 电子警察系统

电子警察系统是辅助交通管理的重要手段。该系统主要通过监控摄像头、激光雷达传感器、地磁传感器等设备监控车辆的行驶速度、行驶方向、停车时长、移动位置等数据，同时基于智能化的图像识别技术，可以精准识别车牌号码。如果监测到车辆出现了压线、超速、逆行、闯红灯、禁停点停车等违章行为，则会自动将现场图像信息和车牌信息传输到管理平台，以便对相关责任人进行追责。电子警察系统的运用，可以提高交通管理的智能化水平，提升监管效率和监管强度，有效降低因违章驾驶引发的事故风险率，从而保障了交通安全。

（2）智能交通管理

智能交通管理是通过人工智能、大数据、云计算等智能技术，赋予路侧传感器、摄像头等交通基础设施进行数据存储、计算、分析及决策的能力，在一定程度上实现对交通运行的自动化、智能化管理。常见的智能交通管理应用主要体现在以下几个方面。

① 自适应交通信号

自适应交通信号控制技术是通过车载传感器和各类路侧传感器实时采集区域内不同方向、不同车道上的车流量数据，并将数据上传至控制系统，系统根据相关算法实时调整各个路口的交通信号灯配时（Signal Timing Dial，STD）。同时，已调整的交通信号灯配时方案通过专用短程通信（Dedicated Short-Range Communication，DSRC）等通信网络发送给正在向路口行进的车辆，以便减少因驾驶员未及时反应带来的启动延迟。

灵活的信号灯配时设计有助于疏通拥堵路口，从而提高道路的吞吐量。该技术也可以用于夜间路口交通信号灯的管理。例如，在深夜车流量稀少的环境下，可以将红灯设置为左转灯的一般状态，当感知器检测到车辆有左转需求时，左转灯自动变为绿灯。与现在普遍应用的黄灯闪烁的模式相比，这一方法可以使交通风险更为可控。

② 可变限速牌

在美国和一些欧洲国家，电子可变限速牌已经被广泛运用到交通管理中。基于交通的拥堵情况或车流密度等道路感知数据，可变限速牌可以计算出最佳限速，从而灵活引导车辆通行，特别是在高峰时段，能够缓解因车辆频繁的减速或停留带来的交通压力，在提高交通运行效率的同时，也能够降低交通风险。

③ 自动亮灯人行道

目前，自动亮灯人行道已经在城市中一些繁忙的路口投入使用。具体方法是在路口斑马线两侧的路面上布设带有感知模块的 LED 灯，当行人进入感应区域时，两侧的地灯便会自动亮起，从而使人行通道范围更具辨识度，也更好地提升了警示效果，为夜间行人过马路提供了安全保障。

物联网技术在交通领域的应用，有助于创新升级交通综合管理模式，改进管理方法，完善交通基础设施建设，提升整体智能化、数字化水平。交通智能监测管理系统的运用，可以实现交通运行效率大幅提升，为人们提供更安全、更舒适的驾乘体验。目前，融合了交通引导、治安监控等功能的综合性智能交通应用系统已在上海、温州、西安等多个城市投入建设，并会随着技术的成熟而逐步推广。

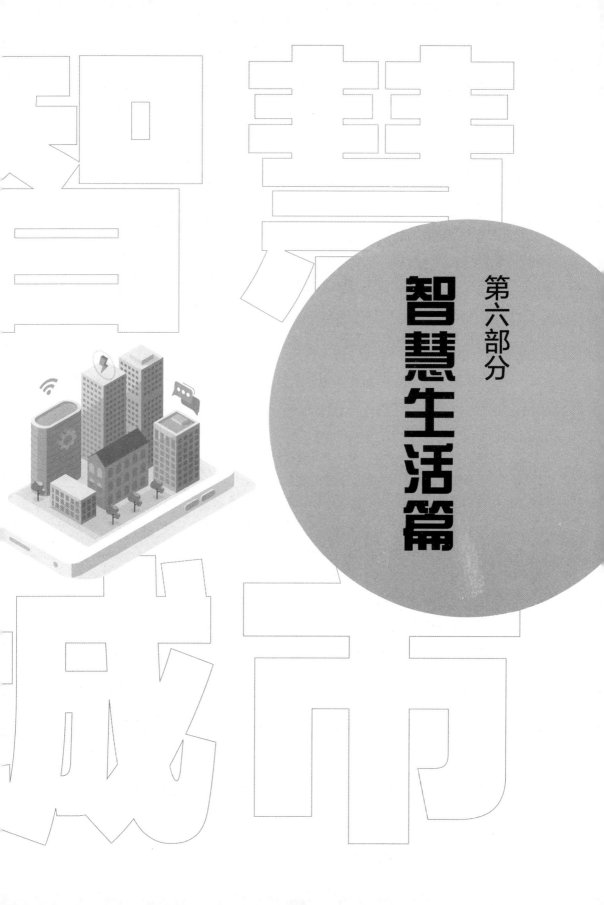

第六部分 智慧生活篇

第17章 智慧社区：构筑美好生活新图景

01 智慧社区建设思路与方案设计

智慧社区是智慧城市的重要组成部分，既是管理平台也是服务平台，旨在为社区居民提供更好的人居环境。《中华人民共和国国民经济和社会发展第十四个五年规划和2035年远景目标纲要》明确要推进智慧社区建设，为居民生活带来更多便利。目前，我国在智慧社区的建设上已有所成就，但有些问题也必须要加以正视和解决，这些问题主要表现在以下方面：

- 居民服务方面：部分社区由于建设年代比较久远，或处在偏僻的空间区位，社区的软硬件设施比较陈旧，社区管理服务水平不高，因此存在种种问题。这些问题包括人员出入缺乏管理、生活垃圾不能得到及时处理、物业管理质量不高、重点区域的安全无法得到有效保障等。以上问题的存在严重影响了社区居民的生活质量。
- 社区治理方面：社区治理的格局和方式存在较大问题，社区管理体系被分割成多个条块，各部分无法形成一个有机的整体，各自为政、单打独斗会造成行政效率低下与行政资源浪费，对于社区事件不能作出及时有效的处理。
- 信息化建设方面：社区内安装的物联感知设备数量众多，包含各种设备类型，不同设备所使用的标准也存在差异，这使得设备无法及时完成信息的采集，无法实现数据的共享和统筹管理，这样一来就不能在社区治理的问题上做到通盘规划。
- 运营方面：运营主要采用硬件，一旦出现资金短缺的情况，运营就很有可能会终止。如果在数据运营的过程中缺乏政府、企业、居民的共同参与和支持，社区也无法凭借自身的力量维持数据运营。

针对这些问题，建设智慧社区首先应确立建设思路和总体架构。

（1）建设思路

针对智慧社区建设中存在的问题，要确立具备可行性的智慧社区建设方案，建设思路主要包括以下几点。

① 关注居民诉求，以问题解决为导向

积极从社区居民处寻求反馈，在着手解决问题时，要找好切入点，可以先解决相对容易的问题，并在解决问题的过程中强调各方的配合，对于复杂问题给出更好的解决方案。

② 运用信息化手段，加强社区协同治理

充分利用科技手段，调动更多的数据资源，倡导多元化投资，让企业、社会组织、居民等参与到社区治理的工作中来，优化社区治理格局，实现各方管理力量的高效协作，针对居民反映最强烈的问题提供有效的解决方案。

③ 实行开放共享，提升产业运营能力

依托智慧社区平台，开发数据和场景资源，培育和发展相关的产业，推动新技术和新产品的研发，在智慧社区的建设中打造共享格局。

（2）方案设计

在建设新型智慧社区时，针对数据和业务，使用闭环优化迭代的设计方法，做出更加科学合理的决策，促进决策的高效执行。新型智慧社区的设计方法如图17-1所示。

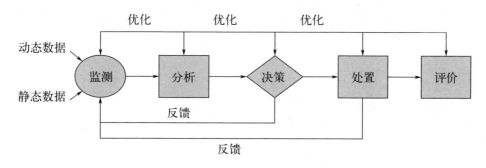

图17-1 新型智慧社区的设计方法

运用感知网络，可以将人、物、事等信息整合起来，通过线上方式对安全设施进行监测，针对存在的安全隐患发出预警，对特殊信息作出分析，对事件解决情况给出评价，提升社区的感知能力和思考能力。

新型智慧社区的服务对象主要包括政府、社区服务者、企业、物业、居民等，其组成部分包括前端感知网络、小区节点、智慧社区平台、掌上社区等。智慧社区平台向城市大脑发送社区的实时数据，城市大脑则为智慧社区平台提供各项服务，包括数据服务、应用支撑服务等。此外，小区节点会将智慧社区的视频数据和图像数据提供给视频专网，再由视频专网提供给公安信息网，使公安部门可以及时掌握社区状况，保障社区安全。新型智慧社区总体架构思路如图17-2所示。

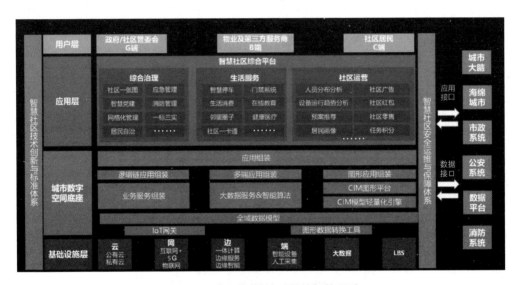

图17-2　新型智慧社区总体架构思路

02　新型智慧社区建设的主要内容

确立建设思路与总体框架后，就需要厘清智慧社区的建设内容。具体来看，新型智慧社区的建设内容主要包括以下几个方面。

（1）感知网络建设

感知网络的建设要用到多种感知设备，这些设备有的与公共安全有关，如视频监控设备、人脸识别设备、智慧门禁设备等。此外，还有其他的物联感知设备，包括智能充电桩、智能抄表、智能垃圾桶等，凭借这些设备可以对社区的运行态势作出全面感知。

智慧社区平台能够发挥信息化平台的功能，收集大量动态和静态的感知数据，融合政府职能、物业管理、居民服务、运营服务，可以提供多种服务，比如根据政府、企业、物业的需求调用对应数据，以此为使用主体的决策提供支持，以及按照自动化识别、预警、处置的流程步骤对事件实施闭环管理。除了以上两种之外，智慧社区平台所能提供的服务还有公共服务、物业管理、运维管理、专题分析等。

（2）掌上社区

掌上社区的服务对象主要是居民和社区管理者，具体的实现载体包括居民应用移动 App 和社区管理应用移动 App。其中，居民应用移动 App 为居民提供政务、安全、生活等方面的便捷服务，其主要功能有生活缴费、应急预警、通知通告、服务预约办理等，是城市大脑移动应用体系的组成部分。

（3）社区协同管理机制

信息化平台融合政府服务、物业管理、社区服务、运营管理，在区域管理中采用"条块结合"的方式。在社区治理方面建立三级循环体系，分别是社区级的"微循环"、街镇级的"小循环"及城区级的"大循环"，在实际工作中三级体系是各自闭环运行的，同时它们彼此之间又可以产生联动，社区治理三级循环体系如图 17-3 所示。

社区协同管理机制能够让民众更多地参与到社区治理中来，以民众为基点建立社区治理流程体系，形成多方协作的社区治理格局。针对每一个小的社区，需要建立完善的治理平台，形成科学完备的治理方法。同时，在新型智慧社区建设

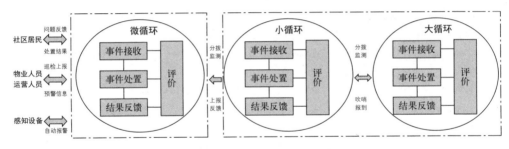

图17-3 社区治理三级循环体系

中，要善于运用科技手段，具备科技思维，借助数据和智能化手段，提高社区治理效率，打造新的社区治理局面。

（4）新型社区服务体系

推进新型智慧社区数据运营，发挥企业在新型智慧社区建设中的作用，由企业提供家庭、养老、旅游、教育、卫生等各项服务，构建新型社区服务体系，满足居民衣食住行及娱乐等各个方面的生活需求。同时，推动创投、金融等资源在社区的投入，鼓励社区创业，为创业项目的实施和落地提供支持。

（5）建立标准规范体系

建立标准规范体系，对新型智慧社区建设作出评价，形成相关的技术标准和管理标准。社区建设的评价体系应当包括具体的、可以量化的标准，因此需要设置科学合理的评价指数，且评价的对象应涉及基础设施、政务服务、数据资源体系、产业发展等各个方面。另外，对于社区治理过程中形成的先进经验，要积极加以推广。

03 智慧社区应用场景与实践路径

随着数字技术的发展及应用场景的增多，智慧社区也将在社区的治理和建设中发挥关键作用。智慧社区建设体现了国家的新型战略部署，践行了智慧城市的发展理念，可提供政务、医疗、教育、文化、娱乐等多个方面的丰富服务资源，并且借助数据库、数字孪生技术等将上述服务资源转换为数字形式，由此可基于线上和线下两个层面进行服务的管理与输出。

在进行社区规划建设时，要根据具体情况采取不同的策略。比如，对老旧小区主要采用的是智慧化改造的方式，而对新建社区则主要运用智慧化提升的方式。此外，社区中包含家居、楼宇、安防、物业等多个系统，在建设智慧社区时，要兼顾这些系统，通过协调推进的方式，有效地解决堵点和难点，避免出现"数据孤岛"。

对城市所拥有的管理和服务资源应进行整合，运用可视化手段实施智能社区的管理，形成可视化系统，通过数据、图像、视频等形式直观清晰地展现管辖地区的各项状况和信息。智慧社区管理可视化系统拥有灵活开放的特性，并且能够通过接入外部系统和叠加业务模块实现扩展。在社区管理的过程中及时发现所需处理的事件并进行高效处置，在事件过后给出科学的评价，有助于提高社区管理能力和服务水平，打造更加和谐舒适的人居生态环境。

（1）智慧安防：守护社区第一道防线

社区安防关系到居民的生命财产安全。在智慧社区中建立智能安防系统，可以有效提升社区的安防管理水平。基于智能安防系统，引入智能摄像机，借助视频监控、人脸识别、大数据智能分析等技术，可以实时监测社区的重点部位、人员及车辆。当出现异常状况或突发事件时将发出报警，并在很短的时间内对报警事件进行显示和定位，及时对事件作出处理。智慧安防是智慧社区建设的关键环节，智慧安防系统能够与各类相关系统高效集成，为居民提供安全舒适的居住体验。智慧安防系统的主要构成部分，如图17-4所示。

从图17-4可以看出，智能安防系统可用于社区的消防等工作，依托社区运营指挥平台，实时感知和识别消防设施及人员的状态，并对其进行定位与跟踪，采用信息化、数据化和智能化的方式对社区的消防工作实施管理。因此，社区智能安防系统可以提高安防效率，提升社区安全管控能力，为居民安全提供更加有力的保障。

图17-4　智慧安防系统的主要构成部分

此外，车辆等的管理也与社区安防息息相关，社区停车智慧化主要包括以下具体功能：

- 出入口管理自动化：在社区的出入口安装车辆识别系统，可以实现车辆无感通行，既提高了车辆进出的效率，也节省了人力。
- 车辆收费透明化：建立明确的停车收费规则，智能结算停车费用，提升结算效率。
- 车位管理智能化：借助智能化手段对车位进行有序管理，防止出现业主车位被他人占用的情况，避免业主之间产生纠纷。
- 缴费线上化：通过移动支付缴纳停车费用，无须到岗亭缴费。

（2）智慧物业：实现物管服务移动化

物管服务移动化包括以下具体功能：

- 一键开门：在权限范围之内，物业人员可以使用手机App远程开启社区的门禁和门口机等。
- 身份审核：通过手机端审核住户身份。

- **物业服务**：使用物业 App 高效处理物业的各项工作，为业主提供更便捷的服务，提高业主的满意度。
- **视频预览**：在手机端监控社区重点区域的情况，而不必通过监控中心。
- **访客登记**：临时访客到访社区可通过手机 App 进行临时预约，扫描岗亭物业给出的二维码进入社区。
- **报警提示**：物业人员可随时随地通过手机端接收报警提示，对报警事件作出及时处理。

（3）数据服务：辅助社区运营

借助社区数据技术，将有关人口、房屋、车辆等的数据采用可视化的方式展示出来，以便物业人员更好地掌握社区内的情况，如果出现状况可以及时作出处理应对。另外，智慧社区数据服务可以实现线上发布信息，预警、宣传、通知、广告等信息均可以通过线上手段统一发送给业主，保证每位业主都能及时收到信息。

（4）智慧便民：提升服务效率和业主满意度

智慧社区的便民服务体现在居民生活的各个方面。社区通过向业主提供服务能够为其创造生活便利，业主则可以在线上请求各项服务，比如需要某种物品可以通过社区进行订购，社区也可以支持多项业务的线上办理，从而为居民生活带来极大的便利，提高居民的生活质量及对社区的满意度。同时，智慧社区便民服务也有助于培养社区工作人员的责任感，使工作人员的能力得到提高，从而有效提升社区管理水平。

（5）智慧养老：为老年人提供关爱和保障

智慧社区养老服务能够从生活、健康、心理等多个层面为老年人提供关爱，构建全面、稳固的健康养老智慧服务体系。以健康方面的需求为例，社区系统平台借助前端智能设备能够实时监测老年人的健康状况，并通过后端信息平台用可视化的手段展示相关健康安全信息。针对不同老年人的健康状况，可以建立专属的健康档案，以便于护理人员及时为老年人提供健康护理服务。

（6）智慧服务系统：提升管理服务水平

构建智慧社区服务系统，将政务、医疗、教育等各个领域的服务整合起来，在整合的过程中尤其要关注重点信息，注重信息发布的实时性。社区管理服务部门要与居民建立紧密的联系，充分了解居民的诉求，提供便利的政务服务、优质的教学资源及健全的医疗保障，从整体上提高社区管理服务的水平。

04 智慧社区建设投资及运营模式

社区是城市的基本构成单元，一个优质和谐的社区能够切实提高居民的幸福感和满足感，推动城市建设，促进社会稳定。下面，我们对新型智慧社区建设投资及运营模式进行简单分析。

（1）投资模式

智慧社区平台和感知网络构成了新型智慧社区的实体建设内容。在社区治理中，智慧社区平台居于神经中枢的地位，负责完成数据的流转，以及对事件作出处理。智慧社区平台的参与者和使用者既包括政府，也包括社会。社区居民会在日常生活中与感知网络产生直接接触，政府、物业、企业通过感知网络获悉居民在社区生活中的需求。

对于智慧社区平台和感知网络，要分别采用不同的投资模式。智慧社区平台的投资模式为"政府投资"，由政府投入资金进行智慧社区平台的建设。感知网络的投资模式需要分类讨论，"企业投资"的模式适用于门禁、电梯等能够实现市场化运营的感知网络；"企业投资，政府购买服务"模式则适用于暂未实现市场化运营的感知网络，包括消防栓箱、地下室等。

（2）运营模式

智慧社区平台和感知网络在运营模式上也存在差异。智能社区平台由建设运营平台公司进行统一运营，公司是由政府建立并授权的，即政府在智能社区平台的运营中发挥主导作用。与智慧社区平台不同，感知网络设备的运营方为投资主体，政府在运营过程中主要发挥监管作用，建设运营平台公司则负责对感知网络的运营进行统筹；对平台和设备运行数据中的敏感信息进行脱敏处理，对数据进行深度开发，由此完成数据的增值。

平台、硬件、运营之间互相配合，收集门禁、电梯等设备产生的数据，建设运营平台公司云端数据库负责接收数据，而后平台会对数据进行整合并作出分析，针对社区的当前状况及业主的需求，提供相应的物业管理服务，提升业主的居住体验和满意度。

基于数据运营开展掌上社区建设，使居民能够享受到掌上社区所提供的各项服务。服务中有的属于公共服务，包括政府服务、访客服务、生活缴费等，还有一些服务属于商业化应用服务，涉及购物、家政、教育、健康等生活等各个方面，构成了一个"掌上生活圈"，为居民生活带来了更多便利。

智慧社区在数字政府和智慧城市的建设中发挥重要作用，在智慧社区的建设中，要善于利用多元化的投资，形成相应的投资建设模式，推动新型智慧社区建设实现长效运营，赋予智慧社区更强大的生命力，形成先进的可供借鉴的建设经验。在建设过程中应采用数字运营手段，鼓励商业企业开发并提供各项新型社区服务，这些服务需要涉及健康、教育、养老等居民关心和重视的民生领域，这样做有利于转变企业的经营模式，促进新型服务企业的建设，推动相关产业的发展，同时也能为居民提供更好的生活保障，切实提高居民的生活质量。

第18章 智慧养老：运营模式与实践案例

01 科技赋能养老模式创新

智能养老（Smart Senior Care，SSC）是以数字技术、智能化技术为桥梁，建立老年人与社会生活的新联系，为老年人提供舒适、便捷的生活体验。一方面，数智化技术能够自动监测涉老信息、及时对出现的意外情况进行告警，同时通过数据分析精准获取老年人的需求并予以满足，为老年人提供健康指导与情绪抚慰；另一方面，数智化技术能够为老年人找到合适的社群，提升他们的社会参与度，再次实现其价值，为老年人带来精神满足，从而提升老年人的价值感、获得感与归属感。

随着技术的创新与应用的需要，智能化设计被更多地用于提升老年人的生活质量、保证老年人生活安全等方面，具体应用场景以养老院为主。下面，对养老院中的智能化设计及其作用进行具体介绍。

(1) 智能门禁与安全监控系统

智能门禁系统通过分级授权实现对老年人的出入管理，采取指纹、面部信息识别等生物信息及 ID 卡等身份信息作为出入权限钥匙，能够有效记录老年人的出入时间、随行人员等信息，提高老年人出入的安全性。同时，安全监控能够对园内各区域的老年人活动进行监测，并能够自动识别异常，在必要的时候及时进行人员联络。

(2) 智能环境控制系统

智能环境控制系统能够自主地对老年人的健康、偏好、习惯等信息进行记忆，并能够通过智能传感器和智能控制系统实现对周围环境的采集，在工作时综合上述两方面对室内的温度、光线、空气流动等参数进行调整，始终为老年人提供最舒适的室内环境。同时，可以监测环境中的气体成分、空气质量等，出现异常时及时进行调整或告警。

（3）智能健康监测与管理系统

智能健康监测与管理系统的应用相当于为每一位老年人提供了一个贴身服务的定制化智能管家，能够实时采集并监测老年人的心率、血压、血糖等健康数据，并通过统计算法形成老年人的健康档案，在需要时传输给医疗设备，以提升医护人员对老年人的诊疗效率。此外，系统还具有健康咨询和健康提醒功能，可以指导老年人科学用药、科学康复并帮其养成健康的生活习惯。

（4）智能呼叫与紧急响应系统

智能呼叫与紧急响应系统能够最大限度地为老年人提供安全保障，在其遭遇紧急情况时，实现与工作人员的即时联系，并向工作人员发送老年人的位置信息与情况报告，指引工作人员以最快速度达到相应地点，避免因时间贻误而出现更大的安全隐患。

（5）智能娱乐与社交系统

智能娱乐与社交系统能够贴合老年人的偏好，为其提供多种多样的娱乐服务，并通过社交软件便利老年人的社会交往。系统内置多种适老性较强的应用软件，老年人通过触摸屏和语音控制即可进行操作。此外，系统内的在线社交功能能够帮助老年人拓展社交网络，通过视频聊天、语音聊天等功能帮助老年人保持与亲人和朋友的实时联系。

（6）智能家居设备

智能家居设备对于提升老年人的生活舒适度与便捷度有着显著作用，因而在养老院的居室设计中不断被推广。例如，智能照明系统能够根据老年人的状态和偏好对光线的强度和色温进行调整；智能窗帘能够根据时间段和室内外光线对比调整开合度；智能扫地机器人能够在老年人不在的时候对房间进行打扫，避免影响老年人休息。这些智能家居在让老年人生活得更加舒适的同时，也节省了能源，实现了绿色减排。

（7）智能服务机器人

智能服务机器人的使用有效地节省了养老院的人力成本，同时能够为老年人提供更加细致贴心、全天候的服务。在照顾老年人起居方面，智能机器人能够完成自动送餐、卫生打扫、失物寻回等任务；在满足老年人情绪需要方面，智能服务机器人的对话功能和信息采集技术能够对老年人的需求和情绪进行识别，从而通过智能对话、陪伴行动等为老年人提供定制化服务，解决了传统养老院中人力成本高、服务全覆盖难度大、服务质量低等问题。

综上所述，智能化设计渗透到了养老院设计的安全管理、居住环境控制、应急响应、娱乐与社交服务提供、健康监测与管理等多个领域，在改善老年人的生活体验、提升老年人的生活愉悦度的同时，也推动了养老产业的升级。

02　模式一：智慧居家养老

智慧养老的运作最重要的是通过数据和平台实现养老资源的整合及需求和服务的对接，如图18-1所示。依据这一逻辑，智慧养老体系的建设可以分为平台

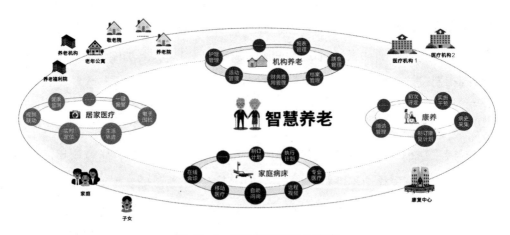

图18-1　智慧养老涉及的内容

建设和服务提供两部分。

在平台建设方面，通过互联网和大数据技术进行信息平台的搭建，聚合各地区各行业分散的养老服务资源，实现养老服务资源的优化配置，通过数据要素的高效流通，打造专业、高效的养老服务链，并通过搜索引擎、大数据推送、咨询对话窗口等实现双方的需求对接。即双方通过智能终端获取服务与需求信息，通过线上信息平台实现彼此的深度了解，完成需求对接，最后由养老服务主体线下提供专业服务。这一模式的实现需要以互联网、物联网、云计算、大数据等技术为支撑。

在服务提供方面，服务平台借助智能腕表、智能检测设备等智能终端及养老服务平台的数据收集系统，获取老年人的基础信息和需求信息，并通过数据分析实现养老需求与服务主体的最佳匹配，匹配成功后及时对需求信息进行转发，敦促对应的养老主体按照指引为需求方提供精准化的线下服务，通过"线上+线下"的模式实现服务的精准派送。同时，在服务过程中注重收集用户的反馈信息，结合市场数据对服务项目进行拓展，提升服务质量，实现服务提升与养老需求增长的同步，从供给侧促进养老服务产业的发展。

为了更好地推进养老服务的有效供给，智慧养老根据居家、社区、机构等不同的应用场景推出了智慧居家养老、智慧社区养老、智慧机构养老、智慧医养结合四种模式。接下来，首先对智慧居家养老模式进行具体介绍。

智慧居家养老的宗旨是在照顾老年人居家的归属感、幸福感等情感需要的基础上，提升家庭作为养老场所的安全性、便捷性，其重点在于对老年人住所的适老化改造，以及家庭与社会养老服务资源的关系网构建。

通过智能腕表、智能护理床、一键呼叫器、智能手环等智慧终端强化其住所的养老硬件支撑能力，实现对老年人平时生理指标、行为安全的实时看护，并通过智能设备与社区、养老服务商、老年医疗单位等服务资源的连接，对老年人出现的紧急情况进行及时响应。通过互联网技术与智能终端的结合打造功能丰富的养老服务平台，满足老年人的各项生活需求，让老年人享受现代生活的高效服务，如为老年人提供网络下单助餐、卫生清洁、跑腿代办、远程健康咨询等服务，并结合大数据对老年人的身心健康状况、习惯偏好、个性需求的分析结果为老年人提供个性化服务，实现真正意义上"家是最好的养老院"，如图18-2所示。

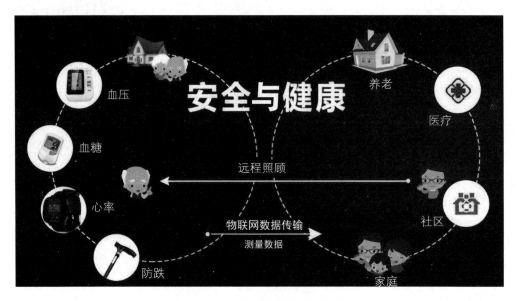

图18-2 智慧居家养老模式示例

截至2022年，苏州市姑苏区约有23.66万60周岁以上的户籍老年人口，占全区户籍人口总数的31.52%（我国整体老龄化率为15.4%）。如何有效应对老龄化问题，实现高质量养老，是姑苏区面临的重要问题之一。

苏州市姑苏区居家乐养老服务中心建立于2007年，围绕居家养老这一中心，其所提供的服务包括居家生活指导、日间起居照料、居家安全保护、远程健康咨询等。为了保证这些服务的高效提供，居家乐养老服务中心进行了大量配套设施的建设，如建设呼叫中心并尽可能地通过街道和社区服务站的建立提升其用户覆盖率，通过热线电话、公众号、社交媒体平台运营号、小程序等实现用户与服务中心的对接；依托互联网打造云智家监督管理平台，实现服务的高效化管理，其具体功能包括匹配服务主体与服务对象、跟踪服务进度、智能员工排班、上门服务指引与保障、反馈结果收集等。通过居家乐养老服务中心的建设，姑苏区实现了养老服务的高质量供给，有效地提升了老年人的生活质量与幸福指数。

03　模式二：智慧社区养老

智慧社区养老以社区养老服务站或社区养老服务中心为基地，提供开放式智慧公共养老服务。以各类信息系统及相关智慧养老设备为支撑，围绕老年人健康管理、就餐、日间活动、精神娱乐等需求，打造以功能为主导的服务区，提供的服务包括健康体检、康复指引、文化社群、安全出游、短期住养等。

同时，通过与医疗机构、家政服务中心、老年大学等养老服务主体的合作，进一步强化服务供给能力，通过智能终端与线上养老服务平台获取养老需求信息，提供对接窗口，由社区养老服务中心与各养老服务主体共同提供具体服务，在实现养老服务公共化、公益化的同时，也兼顾了老年人的个性化服务需求，如图 18-3 所示。

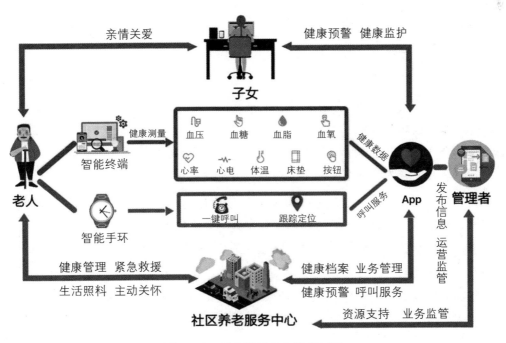

图 18-3　智慧社区养老模式示例

浙江省湖州市吴兴区智慧养老服务中心提供了智慧社区养老服务中心建设的典型案例。

在运行模式上，该中心依靠政府扶持，通过独立核算、自负盈亏实现自主经营，保证服务供给的稳定性；在设施配套和技术支撑方面，将信息中心运维工作承包给专业的科技有限公司，并引入云计算、大数据、物联网等新一代通信技术及38项智能化软件设施，确保养老服务中心的运营高效、设施完备、服务优质。其所提供的服务涵盖老年人的日常生活、疾病康复、健康检查、社交娱乐、心理疏导等各个方面，共计30余项，满足了老年人短阶段、多样化、低成本的社区服务需求，补齐了智慧养老链条上的社区服务环节，为老年人提供更多的养老选择。以老年人的健康管理为例，通过打造数字化平台、构建健康服务链条和多渠道保障，该养老服务中心实现了对老年人健康问题的全方位管理。

一是数字化打造全周期服务。

借助大数据和大模型，该养老服务中心实现了对老年用户信息的全面收集与智能分析，从而为其提供更加精准、专业的健康服务。通过开发健康态势监测平台，实现了对老年用户健康档案的深度分析，并通过智能终端设备实时监测其健康状况，针对患有高血压、糖尿病等慢性疾病的老年人，根据终端设备反馈信息，使用医疗大模型对其展开健康预测，当识别出异常时，及时向用户端和医生端发出告警，提升养老主体和老年人自身对突发疾病的反应能力，降低安全风险。通过对老年人信息、服务人员信息、养老设施信息进行分析，实现养老资源的合理调配，提升服务响应能力，减少资源浪费。

二是线上线下推进全链条追踪。

采取线上线下相结合的方式，借助线上数据分析与线上平台获取老年人的健康态势、养老需求等信息，并通过线上问诊、线上咨询等服务，根据老年人过往病史、身体指标等数据提供精准化医疗方案；加快线上线下基础设施建设，根据线上需求数据的分析结果，按照最优原则设立线下"云诊室"和"云药房"，老年人再根据线上方案的指导到达相应的医疗服务机构接受治疗。治疗过程中的所有数据录入云平台，作为下次就医的依据，由此实现服务的闭环。

三是多渠道提供全天候保障。

通过健康服务热线实现老年人就诊需求与医疗服务资源的高效链接，通过"一键拨号"，为区域内的老年人提供就医挂号、健康咨询、养老政策宣传、服务提供等多方面的咨询服务，以智慧养老服务中心为中转，实现养老资源对老年人需求的快速响应。

健康专线服务背后有着大量高质量医疗资源的支撑，涵盖公立、私立医疗机构和家庭医生服务团队。此外，智慧养老服务中心还通过电脑派单系统、微信小程序、电视屏幕展示界面等端口进行需求对接，进行服务精准推送，让老年人根据需求和偏好自主选择合适的方式发起需求请求，获取所需要的服务。同时，通过智能终端与云平台、大模型的配合，实现老年人健康数据的监测、记录和预警。

04 模式三：智慧机构养老

智慧机构养老服务的建设包括打造新的机构养老模式和推动传统养老机构的转型升级两方面。考虑到养老机构自身的长期定位和当前老年人在养老方式选择上更倾向于居家养老与社区养老的需求，应在打造新模式的同时，重点推动现有养老机构向康复护理院的转变，其服务定位也应从过去的提供长期养老服务转化为提供长期专业化医疗护理服务，面向的对象主要包括长期卧病患者、姑息治疗患者等，提供的服务包括日常护理、康复训练、临终关怀等。

杭州市第三社会福利院是浙江省"智慧养老院"首批试点单位，也是全国第一家数字孪生养老院，借助终端、场景、数据三要素，实现了传统养老机构的高效转型。

一是智能画像精准服务。

以数字档案为基础对老年人进行智能画像，提升服务供给的精准性，借助智能终端设备、医疗服务设备实现对老年人从入院到出院全过程信息的收集，获取除基本信息外的性格偏好、健康指标、常用服务、社交圈层、生活习惯等信息，借助大模型实现"精准画像"，为其进行精准服务推送，实现服务的细化与深化。

二是智能人事数字管理。

提升养老服务供给的质量，重点在于实现对现有养老资源的高效利用，尤其是人力资源。该福利院传统的人员管理存在的问题包括各科室、班组信息壁垒牢固，工作沟通不畅；垂直管理方式与实际员工结构不匹配，工作效率低下；制度执行与规则运行难以统一，内控成本高且管理效果不理想等。内部数据平台的建立与机制改革则有效地改变了这一情况，通过对员工全周期工作数据的收集与记录，能够生成员工独立的在职档案，有利于更好地对员工进行纵向评价。同时，将数据共享至全院数据库，从年龄分布、性别比例、专业能力、薪资等方面生成员工综合能力金字塔，为内部人员管理调度提供依据。另外，借助智慧人事平台简化人事管理流程，对原有机构进行调整、合并、裁撤冗余，形成高效、贯通的内部工作网，实现内部管理的提质增效。

三是智能决策精细管理。

保证设施的安全可用、功能正常是高质量养老服务供给的前提，该福利院占地面积大、楼宇数量多、设备设施种类繁杂，维护难度高，房间的安全检查与设施的运维保养工作对时间、人力等资源的耗费巨大，且受制于各种主客观因素，数据反馈较慢，整体的运维工作成本高且效率低。通过引入设备数字化管理系统，能够实现设备信息的线上实时监控，提升设备管理颗粒度，并对设备运行及管理情况进行可视化呈现，通过数据录入和运维提醒保证数据更新的高效、及时，通过故障通报功能提升对故障设备的响应能力，降低其对业务的影响。

05　模式四：智慧医养结合

智慧医养结合的模式贯通了传统的居家养老、社区养老和机构养老，能够推动智慧养老服务的综合化、全面化，提供更为丰富的养老服务选择，通过社区养老、居家养老、机构养老的交叉渗透，构建多层次、多方面的智慧养老体系。

在具体建设方面，智慧医养结合模式紧扣智能终端设备与养老信息服务平台两个关键点，通过设备关联用户，借助机构内部的智能健康监测设备、智能护理床、智能训练仪，以及老年人所配备的智能腕表、红外线检测仪等智能终端，获取老年人的生活状况、养老需求等信息，实现需求侧的精准定位；通过养老服务信息平台整合养老资源，实现养老服务机构、医疗机构、社区养老服务中心、社会公益组织、养老产品供给企业和政府等养老主体的高效协同，加强供给侧服务配对，如图18-4所示。

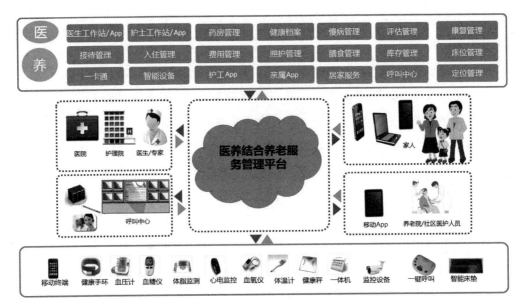

图 18-4　智慧医养结合模式示例

通过智慧医养结合，能够打造老年人住养（长期或短期）、老年人享受服务、服务主体上门服务三种服务模式，有效聚合社会上的养老资源，通过高效的数据分析与服务匹配系统实现养老服务供给的广覆盖、多种类与精对应，打造"一站式"智慧养老服务体系。

据上海市统计局公布的数据，截至 2020 年底，浦东新区的老年化率达到 32.9%，部分街道甚至逼近 40%，快速构建科学、高效的养老体系成为浦东新区一项重要民生任务。面对这种情况，浦东新区加快区域内养老资源整合与养老机制改革，围绕综合为老服务中心和互联网医院两个关键点积极开展养老模式创新试点工作，实行线上线下联动，实现服务范围最大化。同时，有效串联医联体牵头医院、社区卫生服务中心、综合为老服务中心等主体，搭建起医养护综合养老服务体系，提供日间照料、短期托养及医疗服务等多种养老服务。

周家渡是浦东新区第一家成功落地的"医养深度结合综合体"，组成机构包括周家渡社区卫生服务中心邹平分中心、周家渡街道社区综合为老服务中心、周家渡养护院。三家构成机构的功能各有侧重，因而通过对其进行内部整合能够最大化激发其在服务提供上的互补效应，根据老年人的年龄、身体情况、情感需求等条件进行服务分流，实现养老服务结构的多层次、多维度转型，提升养老体系整体服务效能。

综合体具有完善的基础设施配套，护理床位、养护床位、安宁疗护床位等能够很好地满足老年人的各种需求；各类科技设备及5G网络环境的全覆盖，在为老年人提供起居照料、健康指导、社交娱乐等服务的同时，进一步为社区智慧养老数据中心、"互联网医疗云诊室"等数据平台提供支撑，从而提升了中心的资源利用率与需求响应能力，实现了高效、科学、快速的服务提供。

以"互联网医疗云诊室"为例，在服务中心的"健康小屋"完成基础体检后，老年人携带体检报告至"互联网医疗云诊室"，在工作人员的指导下即能完成公立医院医生的网上预约，通过体检报告，医生能够迅速掌握老年人的身体情况，从而给出相应的诊疗建议，该模式有效地实现了医疗资源与用户的最佳匹配，且省去了患者赶往医院的时间与精力；根据医生处方，云药房直接进行药品开具，并自动使用医保结算，就诊费、医药费、治疗费一目了然，实现了医疗费用的透明化；药品快递上门，实现了检、诊、疗服务的一条龙。

第 19 章　智能家居：科技重塑生活新体验

01　智能家居发展的三个阶段

智能家居是利用各种感知技术接收信号，对信号做出判断之后向家庭中的各种智能家居设备发出指令，包括家庭通信设备、家用电器、家庭安防设备、照明设备等，让这些设备做出相应的动作，为用户提供更流畅的服务，从而减少用户的劳务量。

在此基础上，智能家居系统会综合利用计算机、网络通信、家电控制等技术，将家庭智能控制、信息交流及消费服务等家居生活相结合，让智能家居设备与住宅环境保持和谐，为人们创造安全、舒适、节能、高效、便捷的个性化家居生活。在 5G、AI 等技术的加持下，智能家居可以对人在家庭中的活动与行为进行感知，借助各种智能化的功能改善用户生活，针对用户的即时需求，为其提供智能化服务。

智能家居的发展经历了三个阶段：一是以产品为中心的单品智能阶段；二是以场景为中心的场景智能阶段；三是以用户为中心的智慧家庭阶段，如图 19-1 所示。

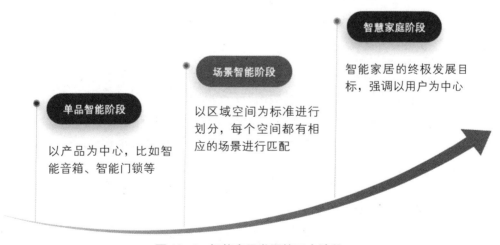

图 19-1　智能家居发展的三个阶段

（1）单品智能阶段

在单品智能阶段，智能音箱、智能门锁、智能摄像头、智能照明设备是主流的智能家居产品，未来还可能出现智能门铃、智能猫眼、智能晾衣机、智能传感器等。随着家居产品的智能化水平不断提升，它们将获得听、说、理解等功能。

① 智能音箱

智能音箱由普通音箱升级而来，支持用户通过语音点播歌曲、了解天气、获取资讯、上网购物等，同时支持用户通过语音对家庭中的其他智能家居产品进行控制，例如，打开窗帘、打开电视、调节冰箱温度、设置空调温度、调节热水器温度等。

② 智能门锁

智能门锁由普通机械门锁升级而来，安全性、管理性更高，识别功能更加强大，可以带给用户更便捷、更智能的开锁体验。以智能指纹锁为例，这种智能门锁支持四种开锁方式，包括指纹开锁、密码开锁、刷卡开锁、机械钥匙开锁，而且还具备联网功能，支持用户远程操控。

③ 智能摄像头

智能摄像头可以主动捕捉异常画面并发出警报，实现全天 24 小时不间断监控，切实保证家庭安全。智能摄像头可以通过手机 App 与手机连接，用户通过手机就可以查看监控画面。如果智能摄像头拍摄到异常画面或者监控到异常声响，会通过短信或者手机 App 向用户发出警报，提醒用户注意。

④ 智能照明设备

智能照明指的是利用分布式无线遥测、遥控、遥信控制系统对家庭中安装的照明设备进行智能化控制，可以自动调节灯光亮度，对灯具进行软启动、定时控制、场景设置等。随着物联网的不断发展，LED 照明将向小型联网的数字照明不断发展。对于整个家居照明产业来说，能够为用户提供个性化照明服务的智能照明将成为重点发展方向。

（2）场景智能阶段

进入场景智能阶段之后，智能家居开始以区域空间为标准进行划分，涵盖了卧室、客厅、厨房、阳台、浴室、走廊、楼梯、花园等不同的空间，每个空间都有相应的场景进行匹配。与用户生活需求相关的场景有很多，包括安全、健康、娱乐、节能、净化空气、洗衣晾晒、离家回家等。

比如，在卧室这个场景中，床可以增添很多健康功能，例如，按摩、健康指标监测等；灯具可以具备自动调节功能，设置不同的模式，如回家模式、离家模式、睡眠模式和阅读模式等；窗户可以根据天气情况自动开启、关闭等；窗帘可以根据用户睡觉、起床的状态关闭或者打开等。

（3）智慧家庭阶段

智慧家庭是智能家居的终极发展目标，强调以用户为中心，为用户打造一个舒适、安全、方便、高效的生活环境。在智慧家庭中，所有智能家居设备都需要与人互动，智能家居设备的运转就是要为人服务。在智能家居行业发展的过程中，人工智能技术将从交互方式与执行决策两个层面发挥作用。

① 交互方式方面

随着人工智能技术的不断发展，智能家居的交互方式将发生重大变革。智能家居传统的控制方式主要是按键控制或者遥控控制，随着智能家居设备接入网络，控制方式逐渐演变为手机 App 控制，在语音识别技术的支持下，又可以实现语音控制，再到体感控制与视觉控制，最终发展为系统自学习之后的无感体验。

② 执行决策方面

在人工智能的支持下，智能家居产品可以实现自主学习与决策，可以识别用户身份、收集用户数据、实现产品联动，家居生活场景将为用户提供千人千面的个性化服务。

02 智能家居的主流通信技术

智能家居想要实现互联互通，离不开各种通信技术的支持。智能家居行业的通信技术主要包括两种：一种是无线通信技术，主要包括 ZigBee、Z-Wave、RF、蓝牙、Wi-Fi、EnOcean、UWB、NB-IoT、Lora 等；另一种是有线通信技术，主要包括 RS485、RS232、Modbus、KNX 等。

（1）无线通信技术

① ZigBee

ZigBee（紫蜂协议）是一种短距离、低功耗的无线通信技术，通信距离较短，为 50～300 米；复杂程度较低；数据传输速率较慢，大约为 250kbps；功耗较小，大约为 5mA；网络节点最大数为 65000 个，可以实现自组织。ZigBee 底层使用的是 IEEE 802.15.4 标准规范的媒体访问层与物理层，可以用来实现自动控制和远程控制，支持接入各种设备。

② Z-Wave

Z-Wave 是一种短距离无线通信技术，成本低、功耗低、可靠性强。Z-Wave 的网络传输速度能够达到 40Kbit/s，最多支持 232 个节点。

③ RF

RF（Radio Frequency，无线射频识别）是一种非接触式的自动识别技术，阅读速度较快、不受周围环境影响、寿命长、使用方便、防冲突、无磨损、可以同时处理多张卡片。RF 可以在阅读器和射频卡之间进行双向数据传输，从而完成目标识别与数据交换等任务。

④ 蓝牙

蓝牙是一种无线技术标准，可以连接固定设备、移动设备与楼宇个人域网，实现短距离的数据交换。蓝牙支持的通信距离为 2～30m，数据传输速率为 1Mbps，功耗比 ZigBee 大，但比 Wi-Fi 小，主要在小型智能硬件产品中使用。

⑤ Wi-Fi

Wi-Fi 是一种无线通信技术，应用范围较广，数据传输距离为 100～300m，数据传输速率能够达到 300Mbps，功耗为 10mA～50mA。

⑥ EnOcean

EnOcean 是一种无线能量采集技术，是目前世界上唯一一个使用能量采集技术的无线国际标准。EnOcean 能量采集模块可以采集周围环境产生的能量，支持无线通信模块工作的开展。相较于同类技术来说，EnOcean 的传输距离更远、功耗更低，可以组网，支持中继，无须电池，电力消耗只有 ZigBee 的 1/30～1/100，适用范围主要是无线无源智能家居和智能楼宇产品。

⑦ UWB

UWB（Ultra Wideband）是一种无载波通信技术，利用纳秒至毫微微秒级的非正弦波窄脉冲传输数据，可以在较宽的频谱上传送功率极低的信号。在 10 米左右的范围内，UWB 的数据传输速率可以达到每秒数百 Mbit 至数 Gbit。

⑧ NB-IoT

NB-IoT（Narrow Band Internet of Things，基于蜂窝的窄带物联网）可以用来构建蜂窝网络，直接在 2G 网络、3G 网络、4G 网络或 5G 网络上进行部署，通过这种方式降低部署成本，实现平滑升级。

NB-IoT 主要具备四大特点：第一，广覆盖，在同样的频段下，NB-IoT 的覆盖范围比现有网络高出 100 倍；第二，具备支撑连接能力，NB-IoT 的一个扇区可以连接 10 万个设备，可以优化网络架构；第三，功耗低，NB-IoT 终端模块的待机时间可以达到 10 年；第四，模块成本低。

⑨ LoRa

LoRa（Long Range Radio，远距离无线电）是一种基于扩频技术的超远距离无线传输方案，属于物联网通信技术之一，可以在全球非授权频段运行，包括 433MHz、868MHz、915MHz 等。Lora 的网络架构主要由四部分组成，分别是终端节点、网关、网络服务器和应用服务器，数据可以双向传输，具有功耗低、传输距离远、支持灵活组网等特点。

（2）有线通信技术

① RS485

RS485 又称为 TIA-485-A、ANSI/TIA/EIA-485 或 TIA/EIA-485，有两种接线方式，一种是两线制，另一种是四线制。四线制只支持点对点通信，所以目前主要使用两线制方式。两线制采用的是总线式拓扑结构，一条总线上最多可以连接32个节点。RS485是目前智能家居行业使用的主流协议。

② RS-232

RS-232，又称EIA RS-232，是一种常用的串行通信接口标准，是个人计算机上的通信接口之一，支持异步传输。通信接口将以9个引脚或是25个引脚的形态出现。一般来说，个人计算机会有两组RS-232接口——COM1和COM2。目前，部分智能家居产品会使用这种协议。

③ Modbus

Modbus是一种串行通信协议，用于可编程逻辑控制器，目前已经成为工业领域通信协议的业界标准，是工业电子设备之间常用的连接方式，主要包括两大部分：一是带智能终端的可编程序控制器；二是计算机，它们通过公用线路或局部专用线路连接在一起，支持247个远程从属控制器。

④ KNX

KNX（Konnex）总线以EIB为基础，兼顾BatiBus和EHSA的物理层规范，吸收BatiBus和EHSA中配置模式等优点，提供家庭、楼宇自动化的完整解决方案。KNX总线独立于制造商和应用领域，通过所有总线设备连接到KNX介质上，其中介质包括双绞线、射频、电力线或IP/Ethernet。总线设备是传感器或者执行器，可以用来控制照明、遮光/百叶窗、保安系统、能源管理、供暖、通风、空调系统、信号和监控系统、服务界面及楼宇控制系统、大型家电等楼宇管理装置。整个控制过程只需要一个统一的系统就可以实现，不需要额外设置控制中心。

03 边缘计算在智能家居中的应用

现阶段，智能家居主要通过云平台对家庭中的智能设备进行控制。在家庭局域网中，智能家居设备的连接与互动也要通过云平台实现。智能家居设备对云平台过度依赖会导致以下问题：一旦网络出现故障，智能家居设备就会变得难以控制。另外，因为网络延迟，利用云平台控制智能家居设备会导致设备响应速度变慢。智能家居设备的种类与数量越多，网络延迟感越强烈。

为了减弱对云平台的依赖，智能家居领域开始广泛引入边缘计算。对于智能家居来说，智能家居网关处于核心地位，可以实现信息采集、信息输入、信息输出、集中控制、远程控制、联动控制等众多功能，是边缘计算的重要载体。

边缘计算与传统云计算的工作方式对比如图 19-2 所示。因此，一方面，在边缘计算的支持下，智能家居网关可以直接通过边缘计算对智能家居设备进行控制。如果几个智能组件位于同一个网关内，组件可以将收集到的信息上传到网关，由网关统一处理，并根据用户设置或习惯做出决策，对执行组件进行控制，让它们做出相应的动作。如果智能家居组件具备边缘计算功能，即便网络连接中断，也可以继续工作，防止智能家居系统因为网络中断而瘫痪。另一方面，在不同智能家居产品的互动场景中，边缘计算相当于网关或者中控系统，通过与云计算协同将设备连接在一起，满足设备之间相互连通、场景控制等需求。

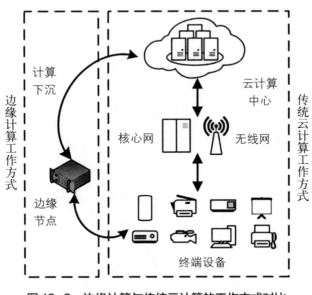

图 19-2　边缘计算与传统云计算的工作方式对比

对内，智能家居网关可以与丰富的家居设备和传感器相连；对外，智能家居网关可以与云平台连接。智能家居网关的功能非常强大，不仅可以提供计算、存储、网络、虚拟化等基础设施资源，还可以提供设备配置、监控、维护、优化等全生命周期的应用程序接口。边缘计算要求实现即插即用，支持温湿度传感器外设，丰富网线、电力线、同轴电缆、Zigbee、蓝牙、Wi-Fi等南向接口等，同时还要对大量异构数据进行处理，将处理后的数据统一上传到云平台。

用户不仅可以通过互联网与边缘计算节点建立连接，控制家庭智能终端，还可以通过云平台对边缘家庭网关进行全生命周期管理，包括通过数据分析提供资源优化建议，让家庭网络实现可管控、可运营。

用户可以选择智能化的家居生活，或者定制智能家居生活业务，交由智能网关进行统一管理。在获得用户授权之后，智能家居系统会主动学习、掌握用户的生活习惯，不断优化智能家居服务模型，为用户提供智能化服务。比如，客厅、卧室、卫浴、厨房的智能家居设备可以根据用户需求定制，与晨起、离家、归家、休闲、入睡等场景相结合，主动帮助用户完成一系列家庭事务。早晨自动打开窗帘与音响，咖啡机、面包机自动烹饪早餐；用户离家时，空调系统自动关闭；用户归家时，照明系统自动开灯等。

04 人工智能在智能家居中的应用

随着互联网时代的到来，人们的生活和生产技术水平不断提高，在人工智能技术的引领下，智慧生活已经开始由想象变成现实。在过去几年中，人工智能技术的发展正在悄然推动着智能家居市场竞争格局的变化，而在众多的科技巨头企业促进人工智能市场发展成熟之后，人工智能家居也处在智能家居时代的风口。

（1）语音控制

语音控制为人与设备交互提供了极大的方便。最早提出语音控制概念的是苹果，代表产品是Siri。此后，智能语音控制技术快速发展，亚马逊推出Echo智能音箱，成为第一批可以通过语音控制智能家居设备的产品。除亚马逊外，谷歌、微软等互联网巨头也在积极探索语音控制技术在智能家居行业的应用。未来，随着语音控制技术的应用范围越来越广，电视、电灯、音乐播放器等设备都可以实现语音控制。

虽然语音控制发展速度很快，但在落地应用的过程中面临着很多困难。例如，用户通过语音控制智能家居设备，首先要保证智能家居设备能够准确识别用户指令，无论用户与设备的距离有多远，中间有多少种因素的干扰。这就意味着语音识别技术必须突破距离障碍，抵御背景噪声、其他人声、回声、混响等多重复杂因素的干扰。目前，语音识别技术还无法做到这一点，所以智能家居设备的语音控制功能只能在相对安静的环境中使用。

另外，语音识别具有比较大的难度，比如我国语言体系十分复杂，各地都有自己的方言。为了拓宽智能家居设备的应用范围，不仅要让其准确识别普通话，还要让其具备方言识别功能。但目前，大多数智能家居产品都是用标准普通话数据进行模型训练的，很难对方言做出精准识别，这在很大程度上影响了语音输入时的识别效果。

由此可见，智能家居设备语音控制的智能化水平必须不断提升，要加深对人类的了解，包括各地方言、说话语速、口音、口头禅、一些专业词汇等。只有做到这些，智能家居设备才能做到个性化识别与控制。这就要求语音识别系统要具备自动学习功能，主动适应用户的使用习惯。随着使用频次不断增加，设备对用户的了解程度也会不断加深。一般来说，个性化识别主要包括两大方面的内容：一是发音识别；二是语言识别。其中，发音识别指的是智能家居系统要主动学习用户的口音、语速等发音习惯；语言识别指的是系统要对特定词汇做出准确识别，包括人名、地名、专业词汇、口头禅等。

（2）体感控制与视觉控制

体感控制指的是人们可以通过肢体动作与周边的智能设备或环境进行互动。例如，人站在电视机面前，可以通过挥舞手臂对电视机进行控制，手臂向上表示加音量，手臂向下表示减音量，手臂向左表示向后调换频道，手臂向右表示向前调换频道等。

按照体感方式与控制原理的不同，可以将体感控制分为惯性感测、光学感测及惯性及光学联合感测三种类型。其中，惯性感测主要利用重力传感器、陀螺仪及磁传感器等惯性传感器对使用者肢体动作的物理参数进行感知与控制，包括加速度、角速度、磁场等，然后根据这些物理参数推算出使用者的各种动作。

光学感测主要使用激光与摄像头获取人体的影像信息，捕捉人体 3D 全身影像与动作。目前，常用的视频通话、网络摄像头等属于 2D 视觉，只能满足智能终端"看见"的需求，无法实现智能避障与精准识别。例如，扫地机器人搭载 2D 视觉，在工作过程中无法准确识别前方的障碍物是墙、桌椅还是垃圾，导致清洁效果不佳。随着 3D 视觉技术的不断发展，扫地机器人应用了 3D 视觉技术之后，可以对前方的障碍物做出精准识别，不仅可以"看见"世界，还能"看懂"世界，实现更高水平的人工智能。

事实上，3D 视觉的应用范围极广，例如应用到门锁上，可以进一步提高门锁的安防功能，进一步保障家庭安全；3D 视觉技术催生的骨骼识别技术可以捕捉人物动态，带领人们开展 3D 体感游戏、3D 体感健身等。另外，3D 视觉还能与 AR 相结合，帮助家长开展沉浸式教育，增强孩子对学习的乐趣，真正做到寓教于乐，提高学习效果。

（3）无感体验

真正的智能家居产品可以根据用户的生活习惯自动调节，全面融入生活，为用户提供无感体验。例如，智能空调可以通过内置传感器对室内的温度、湿度、光线等进行实时监测，判断房间内是否有人，记录用户对温湿度的习惯，对空调、加湿器等设备进行自动调节。再如，智能冰箱可以自动记录食物放进冰箱的时间，提醒用户哪些食品即将过期，在食物所剩无几时，提醒用户及时采购、补充。

也就是说，智能家居设备要想带给用户无感体验，就要通过数据分析获得用户需求，并想方设法满足这些需求。除此之外，在技术层面，智能家居设备要具备自动学习能力，实现视觉、温感、嗅觉、体感、语音等多模态融合应用。

参考文献

[1] 陈莉，卢芹，乔菁菁. 智慧社区养老服务体系构建研究 [J]. 人口学刊，2016，38（03）：67-73.

[2] 柴彦威，郭文伯. 中国城市社区管理与服务的智慧化路径 [J]. 地理科学进展，2015，34（04）：466-472.

[3] 申悦，柴彦威，马修军. 人本导向的智慧社区的概念、模式与架构 [J]. 现代城市研究，2014（10）：13-17，24.

[4] 颜德如. 构建韧性的社区应急治理体制 [J]. 行政论坛，2020，27（03）：89-96. DOI：10.16637/j.cnki.23-1360/d.2020.03.013.

[5] 王宏禹，王啸宇. 养护医三位一体：智慧社区居家精细化养老服务体系研究 [J]. 武汉大学学报（哲学社会科学版），2018，71（04）：156-168.

[6] 蔡翠. 我国智慧交通发展的现状分析与建议 [J]. 公路交通科技（应用技术版），2013，9（06）：224-227.

[7] 姜晓萍，张璇. 智慧社区的关键问题：内涵、维度与质量标准 [J]. 上海行政学院学报，2017，18（06）：4-13.

[8] 张小娟. 智慧城市系统的要素、结构及模型研究 [D]. 华南理工大学，2016.

[9] 彭继东. 国内外智慧城市建设模式研究 [D]. 吉林大学，2012.

[10] 孙中亚，甄峰. 智慧城市研究与规划实践述评 [J]. 规划师，2013，29（02）：32-36.

[11] 张博."互联网+"视域下智慧社区养老服务模式 [J]. 当代经济管理，2019，41（06）：45-50.

[12] 伍朝辉，武晓博，王亮. 交通强国背景下智慧交通发展趋势展望 [J]. 交通运输研究，2019，5（04）：26-36.

[13] 马菁菁. Zigbee 无线通信技术在智能家居中的应用研究 [D]. 武汉理工大学, 2007.

[14] 陈山枝, 葛雨明, 时岩. 蜂窝车联网（C-V2X）技术发展、应用及展望 [J]. 电信科学, 2022, 38（01）：1-12.

[15] 马士玲. 物联网技术在智慧城市建设中的应用 [J]. 物联网技术, 2012, 2（02）：70-72.

[16] 苑宇坤, 张宇, 魏坦勇, 等. 智慧交通关键技术及应用综述 [J]. 电子技术应用, 2015, 41（08）：9-12, 16.

[17] 张新, 杨建国. 智慧交通发展趋势、目标及框架构建 [J]. 中国行政管理, 2015（04）：150-152.

[18] 孙怀义, 王东强, 刘斌. 智慧交通的体系架构与发展思考 [J]. 自动化博览, 2011, 28（S1）：28-31, 35.

[19] 张楠, 陈雪燕, 宋刚. 中国智慧城市发展关键问题的实证研究 [J]. 城市发展研究, 2015, 22（06）：27-33, 39.

[20] 李健, 张春梅, 李海花. 智慧城市及其评价指标和评估方法研究 [J]. 电信网技术, 2012（01）：1-5.

[21] 郭飞, 李二要, 丁丹娟. BIM 技术在装配式建筑设计中的关键问题研究 [J]. 智能建筑与智慧城市, 2024（06）：64-66.

[22] 许晓春. BIM 技术在土木工程施工中的应用 [J]. 智能建筑与智慧城市, 2024（06）：77-79.

[23] 王洋洋. 基于 BIM 技术的建筑工程造价标准化管理研究 [J]. 智能建筑与智慧城市, 2024（06）：86-88.

[24] 林龙生. 浅析智慧城市建设中公园智慧系统的设计——以福州晋安湖公园为例 [J]. 四川水泥, 2023（11）：133-135.

[25] 柯孟利. 从绿色城市视角探索城市公园草坪区景观设计 [J]. 鞋类工艺与设计, 2023, 3（21）：145-147.

[26] 葛璇 . 智慧城市建设对绿色经济发展的影响研究——基于 PSM-DID 模型的实证检验 [J]. 商展经济，2023（24）：36-42.

[27] 侯甜甜，曹海军 . 基于 PMC 指数模型的新型智慧城市政策量化评价 [J]. 统计与决策，2023，39（22）：183-188.

[28] 闫贞瑶 . 儿童友好的智慧社区公园优化研究——以西安莲湖公园为例 [J]. 智能建筑与智慧城市，2023（12）：11-13.

[29] 杜佳蕊，王琳 . 生态智慧引导下的城市滨海公园慢行系统构建研究——以大连傅家庄公园为例 [J]. 建筑与文化，2023（12）：246-247.

[30] 高丽薇 . 智慧公园景观设计与应用 [J]. 佛山陶瓷，2024，34（01）：169-171.

[31] 黄立东 . 新型智慧城市 5G 通信技术与人工智能的融合及发展趋势 [J]. 产业创新研究，2024（02）：26-28.

[32] 齐若星 . 基于 SFIC 模型的新型智慧城市建设中协同治理机制研究——以杭州"城市大脑"为例 [J]. 住宅与房地产，2024（02）：18-20.

[33] 周承书 . 基于 5G 专网的智慧政务应用方案研究 [J]. 中国新通信，2024，26（01）：82-84，172.

[34] 赵万剑，姚伟，陈洁，等 . 多元化储能技术及其在综合智慧能源系统中的应用模式研究 [J]. 机电信息，2024（04）：80-85.

[35] 常乐 . 数字化背景下智慧城市建设对我国流通业效率的影响分析——兼论智慧城市试点的政策效应评估 [J]. 商业经济研究，2024（06）：22-26.

[36] 魏向杰，张子略 . 智慧城市建设试点对区域生态效率的溢出效应 [J]. 安徽师范大学学报（社会科学版），2024，52（02）：122-135.

[37] 马震 . 智慧城市建设对经济高质量发展的影响研究——基于城市韧性视角的分析 [J]. 华东经济管理，2024，38（03）：47-57.

[38] 张德钢，唐瑜梳 . 智慧城市建设促进了城市可持续发展吗 [J]. 宏观经济研究，2024（02）：74-91.

[39] 刘小平 . 大数据视域下智慧城市发展评价与提升策略研究——基于山东省 15 市的实证研究 [J]. 商展经济，2024（05）：156-160.

[40] 张桦. 智慧城市、智能城市、数字城市和数字孪生城市的概念辨析与演变逻辑 [J]. 新疆社科论坛，2024（01）：68-74.

[41] 楚尔鸣，孙红果，李逸飞. 智慧城市建设对生态环境韧性的影响研究 [J]. 管理学刊，2023，36（06）：21-37.

[42] 陆香怡，赵彦云. 绿色发展目标下智慧城市建设对碳排放效率的影响研究 [J]. 经济问题探索，2024（03）：155-171.

[43] 伍柯，吕晓蓓，余妙. 温哥华绿色城市战略行动、经验及其启示 [J]. 国际城市规划：1-18.

[44] 王馨柔，刘鹏程，周龙飞. 智慧城市建设对城市创新的影响——基于双重差分模型的检验 [J]. 兰州财经大学学报：1-16.

[45] 李德智，黄河，张勉，等. 智慧城市建设市民安全感的动态仿真研究 [J]. 系统科学学报，2025（01）：1-7.

[46] 李玉梅，王嫣，许晗，等. 元宇宙赋能智慧城市建设：理论机制、问题检视与治理举措 [J]. 电子政务：1-12.

[47] 蔡剑文. BIM 技术在建筑工程管理中的应用 [J]. 上海建材，2024（03）：100-101，108.

[48] 张莫，柯振嘉. 建行智慧政务赋能数字政府改革 [N]. 经济参考报，2023-09-05（004）.

[49] 张铎，张沁，李富强. 智慧城市建设对城市经济高质量发展的影响研究——基于城市面板数据的实证检验 [J]. 价格理论与实践，2024（01）：158-162.

[50] 孙雪荧. 数字化转型何以重构智慧教育新空间 [J]. 教育研究，2024，45（04）：146-159.

[51] 王滋源. 韩国智慧城市建设的发展战略与启示 [J]. 智能建筑与智慧城市，2024（05）：10-12.

[52] 胡业飞，张怡梦. 智慧城市建设中的智慧治理：赋能机制与达成路径 [J]. 广西师范大学学报（哲学社会科学版），2024，60（03）：46-58.

[53] 郭娜娜，贺晓林，武虹，等．智慧园林大背景下的公园园林绿化 [J]．现代园艺，2024，47（10）：162-164．

[54] 杨力．人工智能在智慧教育中的应用策略分析 [J]．信息系统工程，2024（05）：76-79．

[55] 徐岸峰，李斌，李玥．线上线下混合智慧教育模式研究 [J]．教育理论与实践，2024，44（15）：57-60．

[56] 邱实．基于大数据分析的智慧城市规划与管理研究 [J]．城市建设理论研究（电子版），2024（15）：226-228．

[57] 杨旸．智慧城市建设存在的问题与治理 [J]．城市建设理论研究（电子版），2024（15）：223-225．

[58] 湛泳，李国锋，陈思杰．智慧城市发展会提升居民幸福感吗？——基于中国健康与养老追踪调查数据的实证分析 [J]．财经理论与实践，2024，45（03）：117-124．

[59] 史东霞．绿色城市理论在城乡规划中的应用 [J]．城市建设理论研究（电子版），2024（17）：28-30．

[60] 张瑜，宋永和，李沐瑶．智慧教育生态视域下高校教师数字素养提升研究 [J]．对外经贸，2024（05）：157-160．

[61] 穆天闻，张沁．智慧城市建设是否会提升社会治理成效？——基于中国社会状况综合调查（CSS）微观数据的实证检验 [J]．科学决策，2024（01）：102-111．

[62] 王珍珍，林小婷，旷程文，等．"互联网＋"智慧政务标准体系研究与实践 [J]．公关世界，2022（15）：100-102．

[63] 曾祥明，程子宸，吴航，等．数字政府、智慧政府、电子政务、智慧政务概念辨析 [J]．数字技术与应用，2023，41（06）：23-26．

[64] 储震，程名望．智慧城市建设和环境污染改善——微观证据与影响机制 [J]．经济科学，2023（06）：66-85．

[65] 李敏稚，尹亚森. 基于地域文化和可持续发展理念的绿色城市设计思考与实践 [J]. 建筑与文化，2023（12）：92-95.

[66] 王文希. 基于 ZigBee 技术的智能家居系统设计与实现 [D]. 山东大学，2012.

[67] 陈晓婷. 基于无线传感器网络的智能家居安全监测系统的研究与应用 [D]. 东华大学，2012.

[68] 秦茂盛. 基于 ZigBee 的智能家居系统设计 [D]. 太原理工大学，2011.

[69] 沈星星. 基于 ZigBee 的智能家居系统关键技术的研究 [D]. 南京邮电大学，2012.

[70] 夏汉川. 基于网络的智能家居系统的研究与应用 [D]. 广东工业大学，2005.

[71] 伍朝辉，刘振正，石可，等. 交通场景数字孪生构建与虚实融合应用研究 [J]. 系统仿真学报，2021，33（02）：295-305.

[72] 刘成坤，张茗泓. 城市能否因"智慧"而"绿色包容"？——基于中国智慧城市试点的准自然实验 [J]. 中国人口·资源与环境，2024，34（01）：175-188.

[73] 莫靖新，吴玉鸣. 新型智慧城市的绿色发展效应研究——基于多时点 DID 的准自然实验 [J]. 生态经济，2024，40（03）：92-101.

[74] 屈秀丽，沈海泳. 基于服务蓝图理念的智慧公园服务设计研究——以沈阳丁香东湖公园为例 [J]. 工业设计，2024（02）：108-111.

[75] 张琳，贺家睿. 基于熵权-TOPSIS 法的绿色城市发展水平评价研究：以济南市为例 [J]. 工程管理学报，2024，38（01）：71-76.

[76] 詹新宇，张艺龄，靳取. 智慧赋能：国家智慧城市提升政府治理效能了吗？[J]. 财贸研究，2024，35（03）：1-16.

[77] 付媛，岳由. 智慧城市试点政策对城市韧性的影响：效应及机制 [J]. 人文杂志，2024（03）：130-140.

[78] 赵方方. 智慧城市建设对老年家庭消费的影响研究——基于智慧城市试点的准自然实验 [J]. 商业经济研究，2024（08）：69-72.

[79] 龙腾，邢中玉，黄德毅. 新型智慧城市建设体系 [J]. 中国科技信息，2024（07）：114-115，118.